Fertigung und Betrieb
Fachbücher für Praxis und Studium
Herausgeber: H. Determann und W. Malmberg
Band 3

Egon Kauczor

Metall unter dem Mikroskop

Einführung in die metallographische Gefügelehre

Fünfte, überarbeitete und erweiterte Auflage

Mit 136 Abbildungen

Springer-Verlag
Berlin Heidelberg New York Tokyo 1985

Herausgeber der Reihe:
Dr.-Ing. Hermann Determann, Hamburg
Dipl.-Ing. Werner Malmberg, Hamburg

Autor dieses Bandes:
Egon Kauczor, Hamburg

ISBN 3-540-15611-9 Springer-Verlag Berlin Heidelberg New York Tokyo
ISBN 0-387-15611-9 Springer-Verlag New York Heidelberg Berlin Tokyo

CIP-Kurztitelaufnahme der Deutschen Bibliothek
Kauczor, Egon:
Metall unter dem Mikroskop: Einf. in d. metallograph. Gefügelehre/Egon Kauczor. — 5., überarb. u. erw. Aufl. — Berlin; Heidelberg; New York; Tokyo: Springer, 1985.
(Fertigung und Betrieb; Bd. 3)
NE: GT
ISBN 3-540-15611-9 (Berlin ...)
ISBN 0-387-15611-9 (New York ...)

Offsetdruck: Sala-Druck, Berlin. Bindearbeiten: Bruno Helm, Berlin
2362/3020 — 543210

Zu dieser Fachbuchreihe

Moderne Fertigungsverfahren haben entscheidend dazu beigetragen, daß selbst hochwertige Wirtschaftsgüter kostengünstig hergestellt werden können und damit für breite Käuferschichten erreichbar sind. Dieser hohe Entwicklungsstand muß auch unter den erschwerenden Bedingungen, die auf uns zugekommen sind, erhalten bleiben.

Die Bände dieser Buchreihe sollen den im Betrieb tätigen Ingenieuren und Technikern sowie Studierenden des Maschinenbaus, der Fertigungstechnik und angrenzender Fachgebiete den Einblick in folgende Fachbereiche erleichtern:

Fertigungsverfahren
Betriebsorganisation
Produktionstechnik
Werkzeugmaschinen
Antriebe und Steuerung
Werkzeuge, Vorrichtungen, Modelle
Werkstoffe und Werkstoffprüfung
Messen und Prüfen

Die Bücher sollen helfen, Werkstoffe, Betriebsmittel und Energien optimal einzusetzen und die Produktionssysteme möglichst flexibel zu gestalten, um sie wechselnden Anforderungen leicht anpassen zu können.

Die aus der Feder erfahrener Fachleute stammenden Bücher sind kurzgefaßt, ohne große Vorkenntnisse verständlich und betont praxisnah. Sie berücksichtigen den neuesten Stand der Technik und bilden eine hervorragende Basis für ein vertiefendes Weiterstudium.

Hamburg, im September 1985 **H. Determann W. Malmberg**

Vorwort

Die Metallographie ist ein Teilgebiet der Metallkunde, das sich mit der Untersuchung des makroskopisch und mikroskopisch sichtbaren Aufbaues, dem *Gefüge* der Metalle, befaßt. Die Weiterentwicklung der metallischen Werkstoffe und die Überwachung ihrer Herstellung und Verarbeitung ist ohne die Metallographie nicht mehr denkbar. Nur wer die mannigfaltigen Veränderungen des Gefügeaufbaues durch Legierung, Verformung, Wärmebehandlung und Korrosion kennt, ist auch in der Lage, aus dem Gefüge den Lebenslauf eines Werkstückes abzulesen und beim Versagen eines metallischen Werkstoffes festzustellen, ob Fehler bei der Herstellung, Verarbeitung oder beim Gebrauch gemacht wurden.

Dem Anfänger will dieses Buch helfen, die ersten Schwierigkeiten beim Betrachten und Beurteilen von Zustandsschaubildern und metallographischen Gefügebildern zu überwinden, und ihm so die Tür zu einem interessanten und praktisch vielseitig anwendbaren Wissensgebiet öffnen. Da es als Einführung dienen soll, wurde eine möglichst einfache Form der Darstellung gewählt.

Das Buch befaßt sich mit Grundlagen, deren genauer Ursprung oft nicht mehr mit Sicherheit angegeben werden kann. Bei Darstellungen, die noch auf Quellen zurückgeführt werden konnten, ist dies im Text oder als Fußnote vermerkt.

Die meisten Bilder wurden mit freundlicher Genehmigung von Herrn Prof. Dr. Hargarter der Negativablage der metallographischen Abteilung des Materialprüfungsamtes Hamburg entnommen. Für weitere Bilder sei gedankt den Herren Dr. H. Klingele (14), Dr. F. W. Nothing (65, 66), Prof. Dr. Dr. h. c. G. Petzow (53, 60) und Dr. W. Pintsch (13), der Aluminiumzentrale (37) sowie den Firmen Bühler-Met. (117), P. F. Dujardin (114), R. Jung (124), Struers (120), E. Winter & Sohn (121, 122), Jean Wirtz (123) und Carl Zeiss (50, 93, 94).

Für wertvolle Ratschläge möchte der Verfasser auch den Mitarbeitern der Fachhochschule und des Materialprüfungsamtes Hamburg danken.

Hamburg, im September 1985 **E. Kauczor**

Inhaltsverzeichnis

1 Reine Metalle

1.1 Die kleinsten Bausteine der Metalle

Reine Metalle sind chemische Elemente und bauen sich wie alle Elemente aus Atomen auf. Durch die Eigenschaften ihrer Atome und die zwischen den Atomen wirkenden Kräfte wird das Verhalten der Metalle bestimmt.

Jedes Atom besteht aus einem Kern, der nach neueren Vorstellungen von einer diffusen Elektronenwolke umgeben ist. Diese Orbital genannte Elektronenwolke kann kugelig sein, manchmal aber auch unterschiedliche Ausdehnungen in verschiedenen Richtungen haben. Fast die ganze Masse des Atoms ist im Atomkern vereinigt. Der Kern beansprucht im Gesamtatom nur sehr wenig Raum, etwa soviel, wie ein Stecknadelkopf in einem Zimmer.

Die Elektronen sind elektrisch negativ geladene sehr leichte Teilchen. Sie sind ungefähr so groß wie der Atomkern, ihre Masse beträgt jedoch nur 1/1836 der Masse des leichtesten Atomkernes.

Der winzige Kern ist aus Protonen und Neutronen aufgebaut. Protonen sind elektrisch positiv geladene Teilchen. Das Gesamtatom wird dadurch nach außen neutral. Neutronen sind neutrale, ungeladene Masseteilchen. Die Anzahl der Protonen bestimmt das Element. Das leichteste Element ist der Wasserstoff mit einem Proton und einem Elektron, das schwerste in der Natur vorkommende das Uran mit 92 Protonen, 146 Neutronen und 92 Elektronen.

Je nach der Art des Elementes schwankt der Durchmesser der Atome zwischen 0,2 und 0,5 nm.[1] Vierzig Millionen Atome mittlerer Größe aneinandergereiht ergeben erst eine Kette von etwa 1 cm Länge.

Um den hier behandelten Stoff zu verstehen genügt es, wenn wir uns die Atome als elastische Kugeln vorstellen, die aneinander haften und vorbeigleiten können und sich durch äußere Kräfte elastisch etwas zusammenpressen lassen.[2]

1.2 Ein flüssiges Metall erstarrt

Nehmen wir an, wir könnten die Atome eines flüssigen, allmählich kälter werdenden Metalls beobachten. Was würde sich vor unseren Augen abspielen?

Noch ist alles flüssig. Die Atome haben viel Bewegungsfreiheit und flitzen schnell

---

[1] 1 nm (Nanometer) = 10^{-9} m. Früher gebräuchliche Einheit: 1 Å (Angström) = 10^{-10} m.

[2] Mott, N. F.: Atomic Structure and the Strength of Metals. Braunschweig: Vieweg 1961.

hin und her. Ihre Bewegungsenergie ist die Wärme, die aufgebracht werden muß, um das Metall auf diese Temperatur zu erwärmen.

Die Energiequelle wird nun abgeschaltet. Die *Schmelze*, wie flüssiges Metall auch genannt wird, gibt Wärme in die kältere Umgebung ab. Die Temperatur sinkt allmählich. Damit wird die Bewegungsenergie der Atome immer geringer.

In der Schmelze eines würflig kristallisierenden Metalls (z. B. Eisen) ordnen sich jetzt Atome, die gerade eine hierfür günstige Stellung zueinander haben, zu kleinen Würfeln an. An diese *Keime* bauen in der Nähe herumschwimmende Atome weitere Würfel. Wenn ein Atom sich in ein Würfelchen einordnet, gibt es genau die Wärmemenge ab, die beim Schmelzen nötig war, um das Atom aus seinem Verband zu lösen (*Erstarrungswärme* = *Schmelzwärme*).

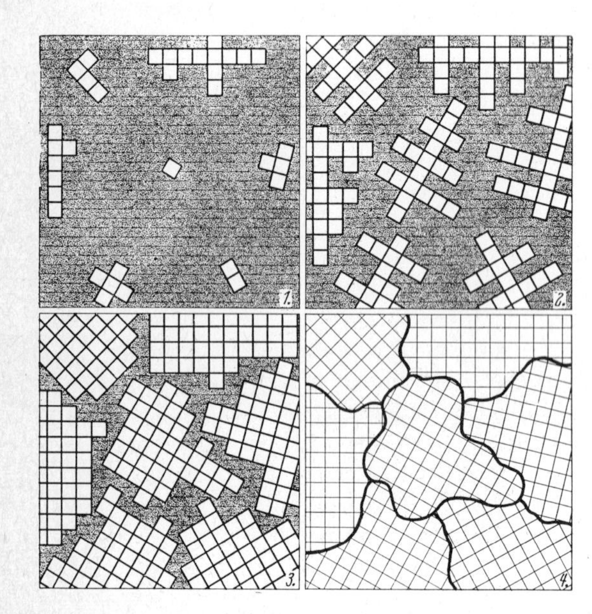

Bild 1. Ein flüssiges Metall erstarrt. Um Kristallisationskeime bilden sich die ersten Kristalle (1.), die regelmäßig weiterwachsen (2., 3.), bis sie aneinanderstoßen und durch gegenseitige Behinderung unregelmäßige Begrenzungsflächen bilden (4.).

Der gleiche Vorgang spielt sich an unzähligen Stellen der Schmelze ab. An die ersten kleinen *Kristalle*, wie wir diese Gebilde jetzt nennen wollen, bauen die Atome Würfelchen an Würfelchen und geben dabei Wärme ab (Bild 1[1]). Durch diese dauernd freiwerdende Wärme wird die Schmelze trotz fehlender Energiezufuhr und Abgabe von Wärme in die Umgebung auf der Temperatur gehalten, bei der sich das erste Kriställchen gebildet hat, bis die letzten Atome eingebaut sind.

Die Kristalle wachsen nicht immer gleichmäßig nach allen Seiten, sondern bevorzugen häufig bestimmte, durch Aufbau und Wärmeableitung bedingte Richtungen. Es entstehen dadurch zuerst tannenbaumartige Gebilde, *Dendriten*[2] genannt. Die

[1] In Anlehnung an eine Darstellung von W. Rosenhain gezeichnet.
[2] Griechisch dendron = Baum.

Räume zwischen den Dendritenästen füllen sich, und die Kristalle werden immer größer, bis sie aneinanderstoßen und sich gegenseitig beim weiteren Wachsen stören. Die regelmäßigen, durch den inneren Aufbau bestimmten äußeren Begrenzungsflächen der Kristalle gehen hierbei verloren. Der niedrigste Energiezustand, der feste Zustand, ist erreicht. Die Temperatur sinkt nun weiter, bis das erstarrte Metall die Temperatur seiner Umgebung angenommen hat.

Gußblöcke ziehen sich beim Abkühlen zusammen (schrumpfen). Es kommt deshalb vor, daß die Restschmelze im Kopf des Blockes absinkt, bevor die Räume zwischen den Dendritenästen zukristallisiert sind. In den durch das Absinken der Restschmelze entstandenen Hohlraum (Lunker) ragen dann die zurückgebliebenen Dendriten wie kleine Tannenbäume hinein (Bild 2). Tannenbaumkristalle auf Bruchflächen von Gußstücken (Bild 3) sind bei Schadenuntersuchungen ein Hinweis dafür, daß es sich hier um dendritisch aufgerauhte Wände von Lunkerstellen handelt.

1:3

Bild 2. Durch Absinken der Restschmelze in einem Lunker stehengebliebene Eisendendriten.

10:1

Bild 3. Dendriten auf einer Bruchfläche eines lunkrigen Leitmetallgußstückes (G-AlSi10Mg)

Bei lichtmikroskopischen Untersuchungen an Metallen sind im Mikroschliff nur die zuletzt entstandenen, unregelmäßigen Begrenzungslinien als *Korngrenzen* zu sehen. Der atomare Aufbau dieser Kristalle kann durch Feinstruktur-Untersuchungen mit Röntgen-, Elektronen- oder auch Neutronenstrahlen ermittelt werden.

Um Kristalle, die durch gegenseitige oder äußere Behinderung nicht regelmäßig wachsen konnten, von den regelmäßigen Idealkristallen zu unterscheiden, wird für Realkristalle, die ihre gesetzmäßige Form äußerlich nicht erkennen lassen, häufig die

Bezeichnung „Kristallit" gewählt. Im allgemeinen technischen Sprachgebrauch werden die Kristallite einfach Körner genannt, die man in ihrer Gesamtheit als *Gefüge* bezeichnet. Als Beispiel zeigt Bild 4 das *Gefüge* des Eisens. Die dunklen Umrandungen der Körner sind die *Korngrenzen*, die den in Bild 1 Teil 4 dargestellten Begrenzungslinien entsprechen.

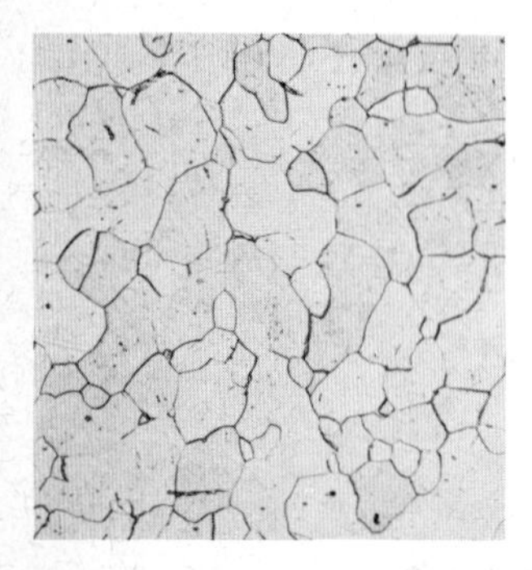

Bild 4. Das Gefüge des Eisens. 200:1

In neuerer Zeit wird angenommen, daß sich in Gußstücken die Körner nicht nur über Keimbildungsprozesse bilden, sondern auch durch Weiterbau an abgeschmolzenen oder abgebrochenen und durch Strömungsvorgänge weitergetragenen Dendritenästen (*Dendriten-Vervielfachung*)[1].

1.3 Abkühlungskurven

Wir wollen den geschilderten Abkühlungsvorgang noch einmal als Versuch wiederholen, stecken jetzt aber ein Thermometer in das flüssige Metall und lesen in kurzen, gleichmäßigen Zeitabständen die Temperaturen der abkühlenden Schmelze ab. Die Zeit-Temperatur-Wertepaare übertragen wir in ein Koordinatensystem. Die Verbin-

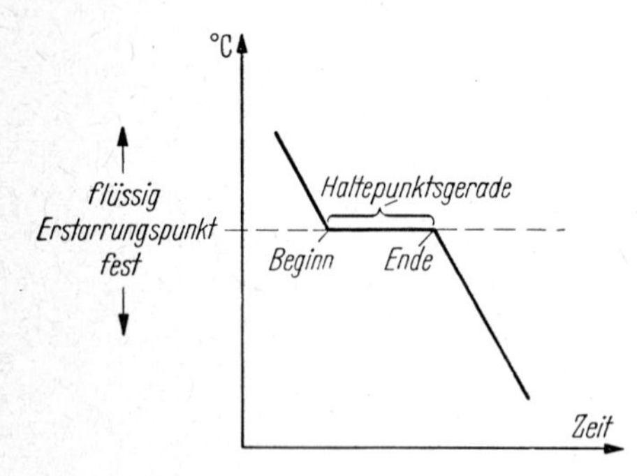

Bild 5. Abkühlungskurve eines reinen Metalles.

[1] Flemings, M. C.: Soldification Processing. New York: McGraw-Hill 1974.

dungslinie dieser Punkte ergibt das *Zeit-Temperatur-Schaubild,* in diesem Falle die *Abkühlungskurve* des untersuchten Metalls (Bild 5).

Der zuerst stetig abfallende Teil der Kurve zeigt an, daß das flüssige Metall zunächst gleichmäßig abkühlt. Wenn sich die ersten Kriställchen bilden und die Atome ihre Erstarrungswärme an die Umgebung abgeben, beginnt die Temperatur konstant zu bleiben. Der Schmelztiegel strahlt weiter Wärme nach außen ab. Die Erstarrungswärme gleicht aber diesen Wärmeverlust wieder aus. So wird die Temperatur auf gleicher Höhe gehalten, bis der letzte Rest Schmelze erstarrt ist. Dadurch entsteht in der Kurve bei der Erstarrungstemperatur ein durch eine waagerechte Linie gekennzeichneter *Haltepunkt.* Nach beendeter Erstarrung fällt die Temperatur (und damit die Kurve) der Wärmeabgabe entsprechend weiter ab.

In sehr reinen, erschütterungsfreien Schmelzen (Erschütterung wirkt ebenfalls keimbildend) und vor allem dann, wenn es sich um kleine, schnell abkühlende Schmelzbäder handelt, kann es vorkommen, daß die Atome nicht rechtzeitig Keime bilden. Die Temperatur sinkt dann unter den Erstarrungspunkt, ehe die Kristallisation eingeleitet und das Versäumte besonders heftig nachgeholt wird. Die sich hastig einordnenden Atome geben so viel Wärme frei, daß die bereits zu tief gesunkene Temperatur wieder auf den Haltepunkt heraufgetrieben wird. Die weitere Erstarrung verläuft dann wie in Bild 5. Die Abkühlungskurve zeigt dort, wo die Temperatur unter den Erstarrungspunkt fiel, den für eine *Unterkühlung* kennzeichnenden Knick beim Beginn der Haltepunktsgeraden (Bild 6).

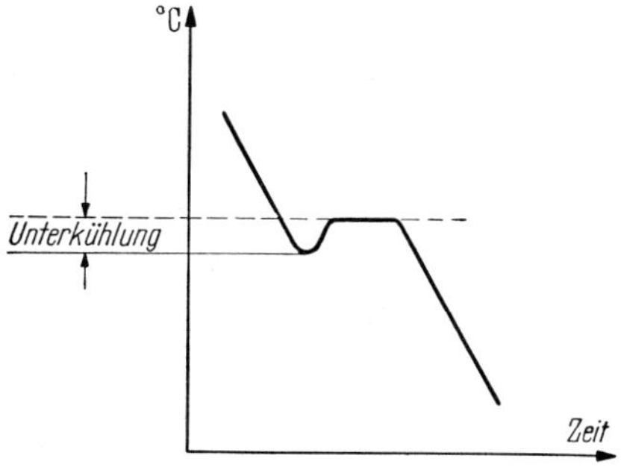

Bild 6. Abkühlungskurve mit geringer Unterkühlung. Temperatur steigt wieder bis zum Haltepunkt.

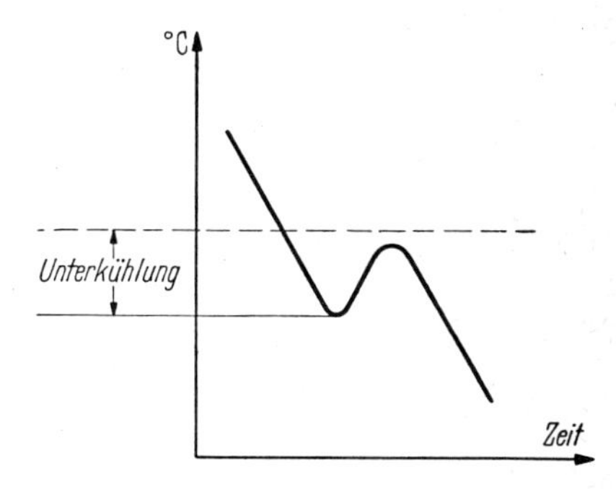

Bild 7. Abkühlungskurve mit starker Unterkühlung. Temperatur erreicht nicht mehr den Haltepunkt.

Bei sehr kleinen Schmelzen, die ihre Wärme schnell abstrahlen, ist es sogar möglich, daß die zu spät einsetzende Kristallisation im Wettlauf mit der Wärmeabstrahlung und Wärmeableitung unterliegt und die Temperatur nicht wieder auf den wirklichen Erstarrungspunkt des Metalls hinauftreiben kann. Die hierbei entstehende Abkühlungskurve (Bild 7) ist für eine Bestimmung des Erstarrungspunktes unbrauchbar.

Unterkühlung kann dadurch verhindert werden, daß man die Schmelze langsam abkühlt, das Bad bewegt oder Keime hinzufügt (Impfen).

1.4 Metallmikroskopie

Bevor wir versuchen, weiter in das Innenleben der Metalle einzudringen, wollen wir einen kleinen Abstecher in ein metallographisches Laboratorium machen und uns kurz unterrichten, wie ein Stück Metall vorbereitet werden muß, wenn man davon Gefügebilder herstellen will.

Grundsätzlich wird so vorgegangen, daß man von dem zu untersuchenden Stück eine kleine handliche Probe abtrennt. Durch vorsichtiges Schleifen auf Schleifpapieren mit immer feinerer Körnung und anschließendes Polieren mit Tonerde, Diamantpasten oder elektrolytischen Verfahren wird eine spiegelglatte Fläche erzeugt. Der Metallograph nennt eine so vorbereitete Probe einen *Schliff*. Das Gefüge wird durch Anätzen der polierten Fläche sichtbar gemacht. Aus einer Fülle von Ätzmitteln muß dasjenige ausgesucht werden, das bei der vorliegenden Probe den größten Erfolg verspricht.

Da Metallproben im allgemeinen nicht durchsichtig sind, kann der Metallograph nicht wie Mediziner und Biologen mit *durchfallendem Licht* arbeiten. Metallmikroskope sind deshalb als *Auflichtmikroskope* so konstruiert, daß zuerst Licht senkrecht auf die Probe gelenkt wird. Erst in dem von der Probe zurückgeworfenen (reflektierten) Licht wird das Gefüge betrachtet.

Wie ein Metallmikroskop gebaut sein muß, zeigt stark vereinfacht die Skizze in Bild 8. Das von der Lichtquelle ausgestrahlte Licht wird durch eine Linse gerichtet

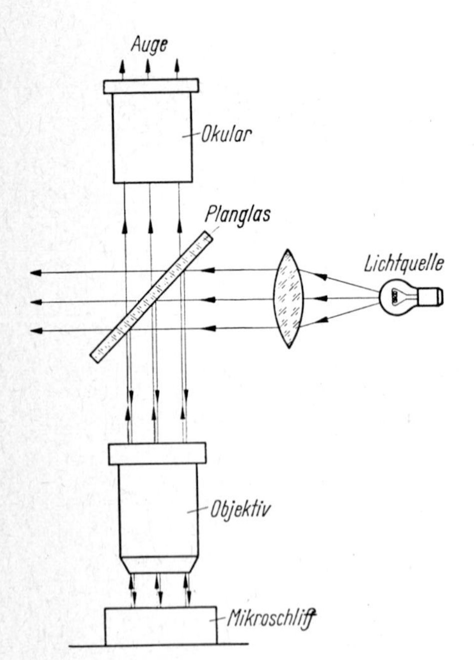

Bild 8. Vereinfachte Darstellung des Strahlenganges in einem Auflichtmikroskop.

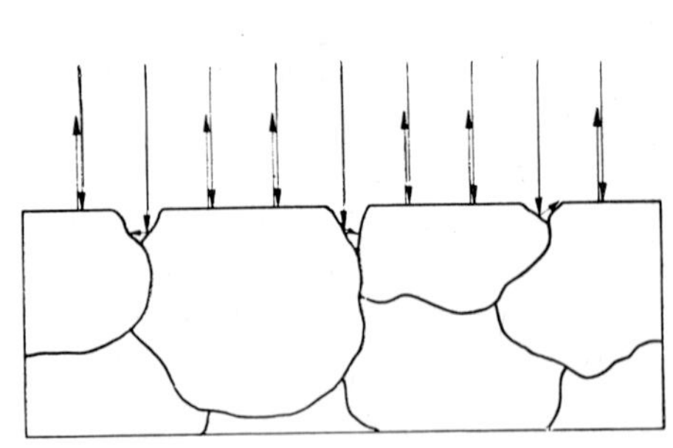

Bild 9. Reflexion der Lichtstrahlen an einem auf Korngrenzen geätzten Schliff.

und auf eine ebene Glasscheibe *(Planglas)* gelenkt, die unter einem Winkel von 45° zu den abkommenden Lichtstrahlen geneigt ist. Ein Teil des Lichtes geht durch diese Glasscheibe hindurch, während der andere Teil senkrecht nach unten abgelenkt wird und durch ein *Objektiv* auf die polierte Fläche der Probe fällt. Die blanke Probenoberfläche wirft das Licht zurück durch Objektiv und Planglas hindurch in das Okular, mit dem das Bild betrachtet wird. Das bereits vom Objektiv vergrößerte Bild der Probenoberfläche wird vom Okular nochmals vergrößert. Durch eine Anzahl auswechselbarer Objektive und Okulare ist es möglich, mit Metallmikroskopen Proben bei Vergrößerungen zwischen etwa 10- und 2000fach zu betrachten.

Wie entsteht nun im zurückgeworfenen (reflektierten) Licht das Bild des Gefüges? Der ungeätzte Schliff spiegelt das Licht gleichmäßig. Wir können nur beobachten, daß unser Blickfeld im Okular stark aufgehellt wird, wenn wir den Schliff unter das Objektiv schieben. Verunreinigungen, wie sie jedes technische Metall enthält, sowie manche Gefügebestandteile, z. B. Graphit im Gußeisen, haben ein geringeres Reflexionsvermögen. Wenn sie im Blickfeld erscheinen, werfen sie weniger Licht zurück als die übrige Probenoberfläche und werden dadurch schon vor dem Ätzen sichtbar (Bild 10).

400:1

Bild 10. Verunreinigung (Schlacke) in einem ungeätzten Eisenschliff.

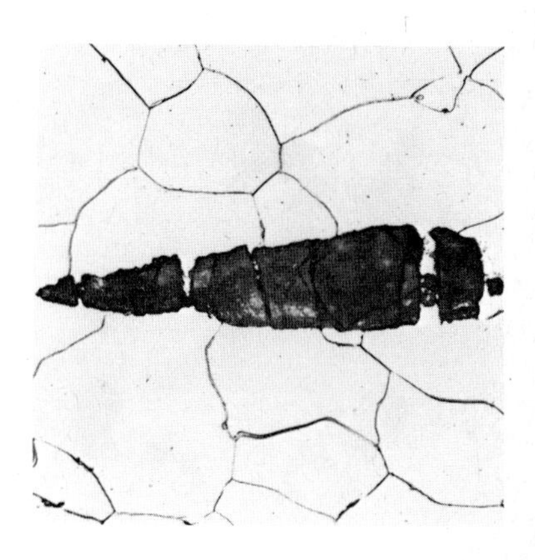

Bild 11. Derselbe Schliff mit 2%iger alkoholischer Salpetersäure geätzt. Die Korngrenzen sind sichtbar geworden.

Den Schliff taucht man nun mit der polierten Fläche in ein Ätzmittel. Für die Eisenproben in den Bildern 4 und 11 wurde hierfür sehr schwache (2%ige) alkoholische Salpetersäure benutzt. Bestimmte Ätzmittel, die sogenannten *Korngrenzenätzmittel*, greifen da stärker an, wo das Gitter gestört ist. Das ist überall der Fall, wo die Kristalle beim Wachsen gegeneinandergestoßen sind. An den Korngrenzen werden dadurch kleine Gräben ausgehoben (Bild 9). Dieser Vorgang wird unterstützt durch feine Verunreinigungen, die sich an den Korngrenzen abgelagert haben. Lichtstrahlen, die in diese Gräben fallen, werden nicht mehr senkrecht reflektiert, sondern abgelenkt.

Die Korngrenzen erscheinen dem Betrachter am Okular dunkel. Das Gefüge ist sichtbar geworden (Bild 11).

Neben den Korngrenzenätzmitteln werden noch Lösungen benutzt, die die Kornflächen angreifen, außerdem Nachweisätzmittel, die nur bestimmte Gefügebestandteile angreifen oder färben.

Für stärkere Vergrößerungen — über 2000fach — sind Lichtstrahlen als abbildendes Medium nicht mehr geeignet. Es werden dann Elektronen benutzt, die von einem elektrisch aufgeheizten Wolframdraht (Kathode) ausgesandt und mit Hochspannung durch eine blendenförmig ausgebildete, positiv aufgeladene Anode hindurch beschleunigt werden.

Elektronen lassen sich durch elektrische oder magnetische Felder ablenken. Elektronenstrahlen können deshalb mit Kondensatoren und Spulen gesammelt oder zerstreut werden (Elektronenlinsen) ähnlich wie die Lichtstrahlen durch die Glaslinsen im Lichtmikroskop.

Für Untersuchungen an Durchstrahlungs-Elektronenmikroskopen (Bilder 12 u. 13) müssen bei Metallproben von der Schlifffläche sehr dünne wirklichkeitsgetreue

15000:1

Bild 12. An den Korngrenzen eines austenitischen Chrom-Nickel-Stahles ausgeschiedene hochchromhaltige Karbide. Von einem Platin-Kohlenstoff-Aufdampfabdruck angefertigte Durchstrahlungsaufnahme.

20000:1

Bild 13. Nitridteilchen in Eisen. Direkte Durchstrahlungsaufnahme von einer Folie.

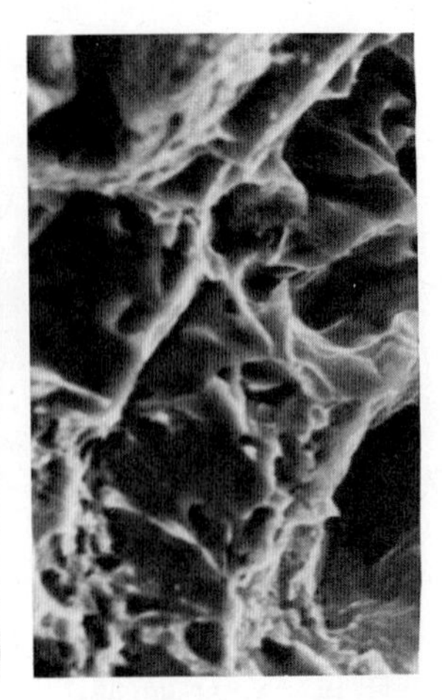

1210:1

Bild 14. Mit einem Raster-Elektronenmikroskop angefertigte Aufnahme von einer Gewaltbruchfläche eines kohlenstoffarmen, unlegierten Stahles.

Bilder 12–14. Elektronenmikroskopische Aufnahmen.

Abdruckfolien (Matrizen) aus aufgedampftem Kohlenstoff oder schnell trocknendem Lack hergestellt werden. Zur Steigerung des Kontrastes werden sowohl die Kohle-Aufdampfschichten als auch die Lackfolien noch im Hochvakuum mit Schwermetall, wie z. B. Platin oder Chrom, schräg bedampft (Schrägbeschattung). Für viele Untersuchungen sind durchstrahlbare Folien geeignet (Bild 13), die aus mechanisch vorgedünnten Proben duch elektrolytisches oder chemisches Dünnen gewonnen werden[1].

Direktes Betrachten der Schlifffläche gestatten Emissions-Elektronenmikroskope, bei denen die polierten Probenoberflächen selbst, z. B. durch Erhitzen oder Beschuß mit Ionen zum Aussenden von Elektronen angeregt werden. Die von der Schlifffläche emittierten Elektronen werden auch hier, wie bei Durchstrahlungs-Elektronenmikroskopen, durch Hochspannung beschleunigt und durch Elektronenlinsen auf einen Leuchtschirm gelenkt.

Eine Spezialentwicklung des Emissions-Elektronenmikroskopes stellt das Raster-Elektronenmikroskop dar, bei dem die Probenoberfläche zeilenförmig mit Primärelektronen abgerastert wird. Die von den Primärelektronen aus der Probenoberfläche ausgelösten Sekundärelektronen und rückgestreute Primärelektronen erzeugen über Szintillationskristall, Photomultiplier und Kathodenstrahlröhre auf einem Bildschirm ein Rasterbild. Durch seine große Tiefenschärfe ist dieses Gerät besonders für die direkte Untersuchung von Bruchflächen (Mikrofraktographie) geeignet (Bild 14).

Durch Mikrosondenzusätze können an Elektronenmikroskopen Röntgenstrahlen, die Gefügebestandteile unter Beschuß mit einem fein ausgeblendeten Elektronenstrahl aussenden, spektral zerlegt und analysiert werden. Dadurch sind Aussagen über die chemische Zusammensetzung dieser Gefügebestandteile möglich.

Für Untersuchungen im praktischen Betrieb werden überwiegend Auflichtmikroskope eingesetzt. Elektronenmikroskope dienen der Erforschung komplizierter Erscheinungen im Gefüge, wie z. B. Ausscheidungen oder Gitterbaufehler, die häufig so fein sind, daß sie sich lichtmikroskopisch nicht mehr erfassen lassen.

1.5 Ein festes Metall wird flüssig

Die in den Kristallen eingeordneten Atome eines festen Metalls liegen bei Raumtemperatur nicht ruhig auf ihrem Platz. Jedes Atom führt Schwingungen aus, deren Ausschlag von der Höhe der Temperatur abhängt *(Wärmeschwingungen)*. Vollständige Ruhe würde erst beim absoluten Nullpunkt, bei —273 °C, herrschen.

Wenn wir das feste Metall erhitzen, wird die Bewegungsenergie seiner Atome größer, und sie schwingen lebhafter. Die heftiger schwingenden Atome benötigen mehr Platz, wodurch die Abstände zwischen ihnen größer werden. Das ist die Ursache für die Ausdehnung der Stoffe beim Erwärmen.

Wo in der erstarrenden Schmelze die Kristalle beim Wachsen aneinandergestoßen sind, ist ihr Aufbau unregelmäßig. Die Atome an den Korngrenzen eines festen

[1] Guy, A. G.: Metallkunde für Ingenieure, 3. Aufl. Wiesbaden: Akademische Verlagsgesellschaft 1978.

Metalls sind dadurch in einer Zwangslage und haben das Bestreben, sich zu befreien. Bei Temperaturerhöhung sind diese Korngrenzenatome deshalb eher bereit, ihren Platz zu verlassen, als die Atome im Inneren der Körner. Wenn die Schmelztemperatur erreicht ist, lösen sich die Atome an den Korngrenzen als erste aus dem Verband. Ihnen folgen bei weiterer Wärmezufuhr die übrigen Atome. Das Metall hat zwar noch einen bestimmten Rauminhalt, seine Form hat es jedoch verloren, es ist flüssig geworden.

Wenn wir immer weiter erhitzen, also dem bereits flüssigen Metall immer mehr Wärmeenergie zuführen, wird die gegenseitige Bindung der Atome schließlich vollständig aufgehoben, das Metall beginnt zu verdampfen, die Atome schweben frei in den Raum, wo sie sich unabhängig voneinander bewegen. Das Metall hat seine höchste Energiestufe erreicht und kann nun jeden beliebigen Raum ausfüllen, es ist gasförmig geworden.

1.6 Erhitzungskurven

Wenn wir ein Metall erhitzen und hierbei wieder in gleichen Zeitabständen die Temperatur messen, werden wir feststellen, daß Ähnliches geschieht wie beim Erstarren einer Schmelze. Trotz stetiger Wärmezufuhr wird die Temperatur solange beim Schmelzpunkt verweilen, bis das letzte Kriställchen aufgelöst ist. Die Wärmeenergie wird vollständig für den Abbau der Kristalle (Änderung des Aggregatzustandes) verbraucht. Die Erhitzungskurve (Bild 15) ist das Spiegelbild der Abkühlungskurve des gleichen Metalls.

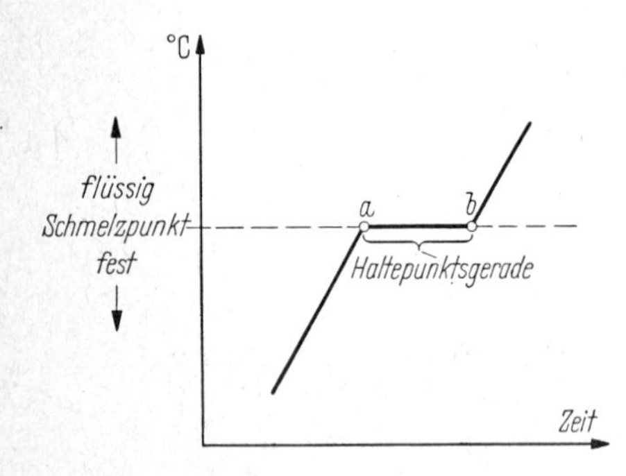

Bild 15. Erhitzungskurve eines reinen Metalles.

Das beim Beginn der Haltepunktsgeraden (Punkt *a*) noch feste Metall hat bei gleicher Temperatur einen geringeren Wärmeinhalt als das flüssige Metall am Ende der Geraden (Punkt *b*). Der Unterschied zwischen diesen beiden Wärmemengen, bezogen auf die Masseneinheit, ist die *Schmelzwärme* des Stoffes.

Erscheinungen, die mit der Unterkühlung bei der Erstarrung vergleichbar wären, treten beim Schmelzen nicht auf.

1.7 Transkristallisation

Werden Metalle in kalte Formen gegossen, so bilden sich durch die schroffe Abkühlung an den Innenwänden der Form zuerst zahlreiche kleine Kristalle. Mit der Erwärmung der Form wird die Kristallisation langsamer. Die Kristalle wachsen dann dem Wärmeabfluß entgegen stenglig in das Innere der Form hinein. Durch die dicker werdende Wand der bereits gebildeten Kristalle und das geringer werdende Temperaturgefälle zwischen der Gußform und ihrer Umgebung wird der Wärmeabfluß immer langsamer. Das stengelig gerichtete Wachstum, die *Transkristallisation*, hört auf, und die Restschmelze im Inneren des Blockes erstarrt zu nicht gerichteten, globularen Kristallen. Bild 16 zeigt Transkristallisation im Querschnitt eines kleinen Zinkgußblockes.

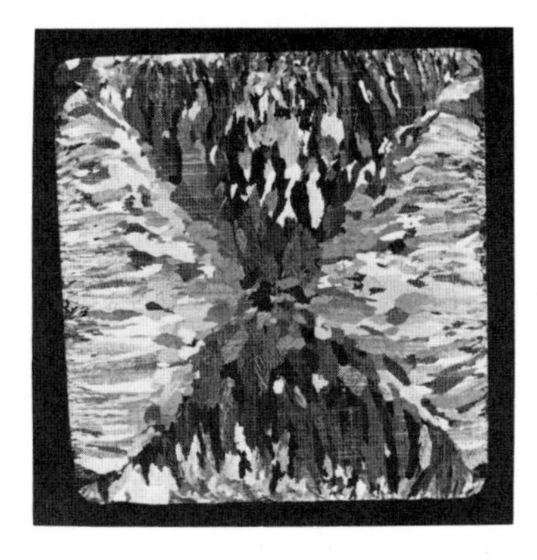

1:1

Bild 16. Transkristallisation im Querschnitt eines kleinen Zinkgußblockes.

In der Praxis ist Transkristallisation meist unerwünscht, vor allem dann, wenn sie weit in das Gußstück hineinreicht. Verunreinigungen, wie sie jedes technische Metall enthält, sind unschädlich, wenn sie gleichmäßig über das ganze Gefüge verteilt sind. Kristalle streben aber einen möglichst reinen Aufbau an. Sie schieben Verunreinigungen zunächst vor sich her in die Restschmelze. In transkristallinem Stengelgefüge

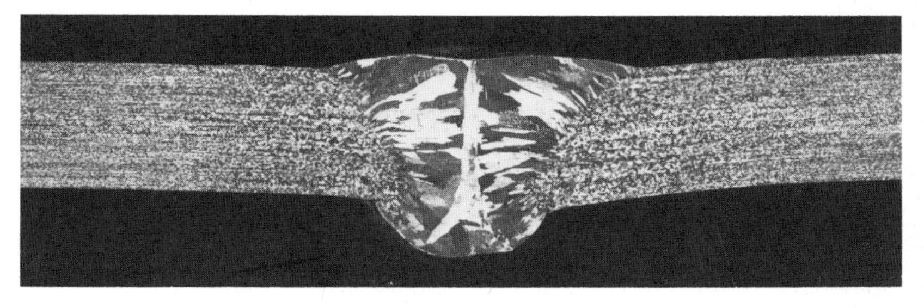

2:1

Bild 17. Transkristallin erstarrte Automaten-Schweißnaht an Aluminiumblechen.

lagern sich deshalb Verunreinigungen nicht nur im Kern (Blockseigerung) sondern auch zwischen den Stengelkristallen ab. Bei quadratischen Gußblöcken vor allem in den Diagonalen. Das kann beim Weiterverarbeiten durch Schmieden, Walzen oder Pressen dazu führen, daß Blöcke mit solchem Gefüge diagonal aufreißen.

Ähnliche Erstarrungsformen können beim Einsatz schneller Verfahren auch in Schweißnähten auftreten. Von zuerst feinkörnig erstarrten Zonen an den Nahtflanken wachsen die Stengelkristalle dem Wärmeabfluß entgegen in das abkühlende Schweißgut hinein (Bild 17).

Es gibt Fälle, wo eine gerichtete Erstarrung bewußt herbeigeführt wird. So können die magnetischen Eigenschaften von Werkstoffen für Dauermagnete durch säulenförmige Kristallbildung verbessert werden. Die Gußform muß hierfür so eingerichtet sein, daß die gerichtete Erstarrung senkrecht zur gewünschten Richtung des später anzulegenden Magnetfeldes ablaufen kann. Hierzu wird eine offene Kokille aus schlecht wärmeleitendem Werkstoff auf eine Kühlplatte aus Stahl oder Kupfer gestellt[1].

Neuerdings können durch extrem schroffe Abkühlung amorphe Metalle erzeugt werden, die besonders günstige weichmagnetische Eigenschaften haben. Das flüssige Metall geht in diesem Fall ohne Haltepunkt in den festen Zustand über. Es bilden sich keine Kristalle und damit auch keine Korngrenzen. Unter dem Mikroskop ist kein Gefüge erkennbar. Dieser eingefrorene Flüssigkeitszustand ist metastabil. Bei Erwärmung wird die Kristallisation nachgeholt[2].

1.8 Korngröße und Festigkeit

Aus dem bisher Gesagten läßt sich ableiten, wann eine Metallschmelze zu einem *feinkörnigen*, aus vielen kleinen Kristallen bestehenden Gefüge erstarren wird, und unter welchen Bedingungen wenig große Kristalle ein *grobkörniges* Gefüge bilden werden.

Wenn ein flüssiges Metall langsam abkühlt, können sich die Atome beim Bau der Kristalle Zeit lassen. Es werden sich zwar einige von ihnen, die gerade eine günstige Stellung zueinander haben, zu Keimen anordnen. Die meisten werden aber den bequemeren Weg wählen und sich bereits vorhandenen Keimen anschließen. Es bilden sich deshalb nur wenige, zu einem grobkörnigen Gefüge zusammenwachsende Kristalle.

Wenn die Schmelze schnell abkühlt, können die Atome nicht lange herumwandern und nach bereits gebildeten Keimen suchen. Eine größere Anzahl wird sich deshalb an zahlreichen Stellen zu Keimen anordnen. Die von diesen Keimen aus wachsenden Kristalle stoßen bald aneinander und bilden ein feinkörniges Gefüge.

In der Praxis enthält jedes Metall mehr oder weniger Verunreinigungen. Diese Verunreinigungen wirken ebenfalls als Angelpunkte für die erste Kristallisation.

---

[1] Brit. Pat. 652,022/51 und US Pat. 2,578,407/51.

[2] Ilschner, B.: Werkstoffwissenschaften, Springer-Verlag Berlin Heidelberg New York 1982.

Eine reichlich mit solchen *Fremdkeimen* versehene Schmelze wird unter sonst gleichen Verhältnissen zu feinkörnigerem Gefüge erstarren. Verunreinigungen sind deshalb nicht immer unerwünscht. Durch geschickte Handhabung ist es sogar möglich, bewußt Fremdkeime zu erzeugen, die auf andere Eigenschaften keinen nachteiligen Einfluß ausüben, wie z. B. feinste Aluminiumnitridteilchen bei der Herstellung von Feinkornstählen. Auch mechanische Erschütterung, wie Rühren oder Anlegen einer Ultraschallquelle erhöht die Keimzahl einer Schmelze sowohl direkt als auch durch Begünstigung der Dendritenvervielfachung.

Die Korngröße eines Metalls nach der Erstarrung ist also davon abhängig, wieviel Keime die Schmelze enthielt und wie schnell abgekühlt wurde.

Feinkörniges Gefüge hat bei Raumtemperatur gegenüber grobkörnigem die besseren Festigkeitseigenschaften und wird deshalb in den meisten Fällen angestrebt. Wie lassen sich die günstigeren Festigkeitseigenschaften des feinkörnigen Gefüges erklären? Gehen wir in Gedanken noch einmal zurück und lassen die Vorgänge in einer erstarrenden Schmelze an unserem geistigen Auge vorüberziehen. Wir sehen wieder, wie die Kristalle in der Schmelze aufeinander zuwachsen und schließlich unregelmäßige Begrenzungsflächen bilden, die im Mikroskop als Korngrenzen sichtbar sind.

An den Begrenzungsflächen ist der Aufbau der Kristalle durch die gegenseitige Behinderung beim Zusammenwachsen gestört. Diese *Störstellen* haben durch den Zwangszustand, in dem sich hier die Atome befinden, eine größere Festigkeit als der regelmäßiger aufgebaute, innere Teil der Körner. Bei reinen Metallen wird dadurch die *Korngrenzensubstanz* zum stärksten Teil des Kornes. Da ein feinkörniges Metall bei gleichem Rauminhalt mehr Korngrenzen hat, ist es in seinen Festigkeitseigenschaften einem grobkörnigen Metall gleicher Art überlegen.

Durch Überbeanspruchung bei gewöhnlicher Temperatur entstehende Risse suchen den Weg des geringsten Widerstandes und gehen deshalb durch die Kristalle. Sie werden *transkristalline Risse* genannt (Bild 18).

Bei höheren Temperaturen sind die Korngrenzenatome beweglicher und können ihren unbequemen Platz verlassen. Die Festigkeit an den Korngrenzen wird hierdurch geringer. Wenn ein Metallstück durch zu große Beanspruchung bei höheren Tempera-

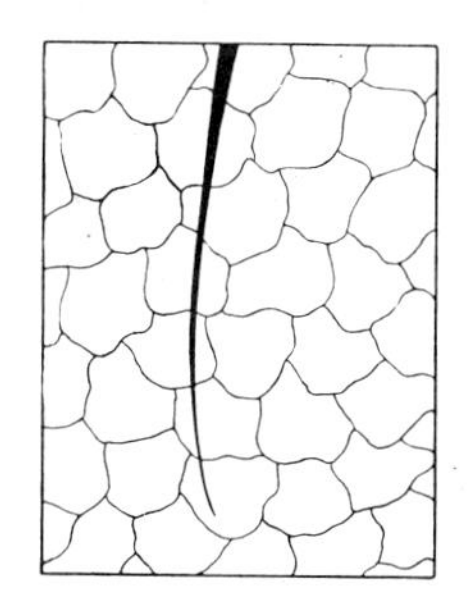

Bild 18. Transkristalliner Riß.

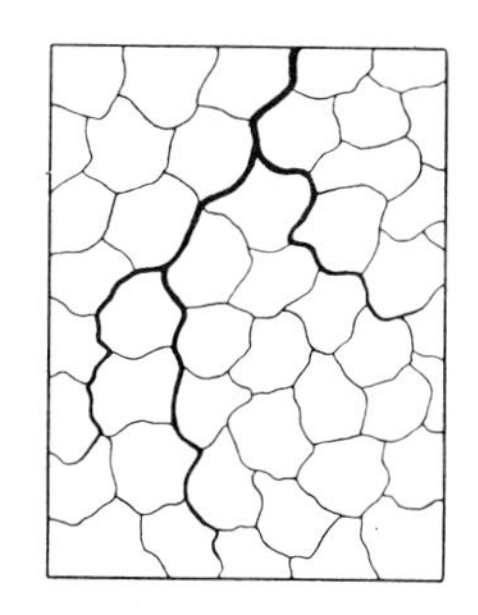

Bild 19. Interkristalline Risse.

turen reißt, folgt der Riß wieder den Stellen des geringsten Widerstandes. Dies sind aber jetzt die Korngrenzen. Es entsteht ein *interkristalliner Riß*, der den Korngrenzen folgend zwischen den Kristallen verläuft (Bild 19).

Diese Eigenschaften haben grundsätzlich alle reinen Metalle. Bei unreinen Metallen und Legierungen werden sie jedoch häufig durch andere Erscheinungen überdeckt, z. B. durch Verunreinigungen oder Ausscheidungen an den Korngrenzen.

1.9 Die Kristallsysteme der Metalle

Wie wir bereits gelernt haben, besteht das aus dem Schmelzfluß erstarrte Metall aus Kristallen. Die Metalle gehören also zu den Stoffen, in denen die Atome im festen Zustand in *Raumgitter* eingeordnet sind (Bild 20). Im Gegensatz hierzu stehen die gestaltlosen (amorpnen) Stoffe, bei denen die Atome regellos nebeneinanderliegen.

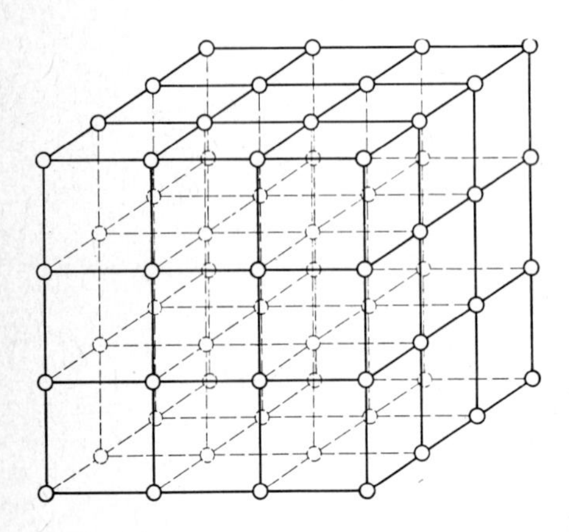

Bild 20. Teil eines einfachen kubischen Raumgitters.

Jedes Raumgitter ist aus einer großen Anzahl von *Elementarzellen* aufgebaut, den kleinsten Zellen, die noch die für das betreffende Gitter kennzeichnenden Merkmale aufweisen. Nach der Gestalt der Elementarzellen ist das *Kristallsystem* benannt. Von den 7 Kristallsystemen der Natur kommen bei den Metallen vor allem das kubische und das hexagonale vor.

Metalle, die nach diesen Systemen kristallisieren, bilden jedoch nicht die einfachsten Formen. Ihre Elementarzellen enthalten außer den Eckatomen noch Atome in der Mitte des Gitterraumes — *raumzentrierte Gitter* (Bild 21) — oder in der Mitte der Seitenflächen — *flächenzentrierte Gitter* (Bild 22). Das kubisch flächenzentrierte Gitter ist bei den Metallen am häufigsten.

Das hexagonale Gitter tritt bei den Metallen in der *dichtesten Kugelpackung* auf, bei der in der Mitte zwischen den beiden sechseckigen Ebenen noch eine mit 3 Atomen besetzte Ebene liegt (Bild 23).

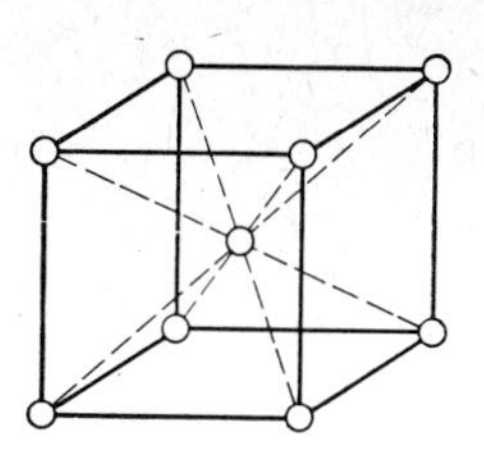

Bild 21. Kubisch raumzentriert, z. B. Chrom, Eisen (unterhalb 911 °C), Molybdän, Tantal, Wolfram.

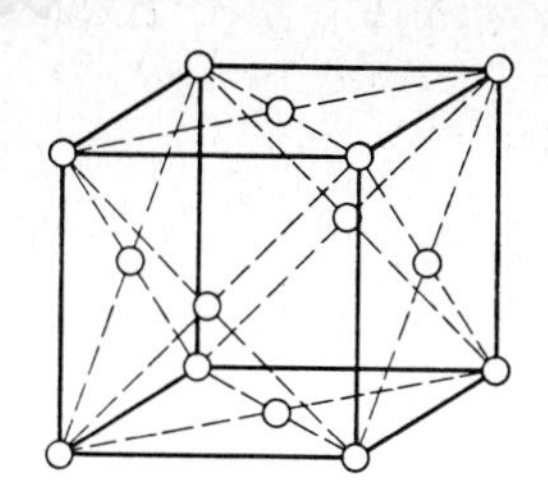

Bild 22. Kubisch flächenzentriert, z. B. Aluminium, Blei, Gold, Eisen (oberhalb 911 °C), Iridium, Kalzium, Kupfer, Nickel, Platin, Silber.

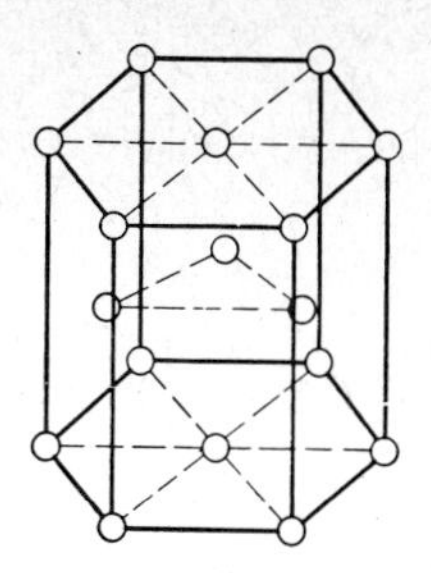

Bild 23. Hexagonal dichteste Kugelpackung, z. B. Beryllium, Kadmium, Magnesium, Titan, Zink.

Bilder 21–23. Elementarzellen der bei den Metallen am häufigsten vorkommenden Raumgitter.

Diese Darstellungen sind schematisch. Die kleinen Kreise geben nur die Lage der Atommittelpunkte an. Die Verbindungslinien der Kreise sollen die Formen der Elementarzellen deutlich zeigen. Den wirklichen Verhältnissen etwas näher kommt die in Bild 24 gezeigte Darstellung, bei der die Atome (Kern + Elektronenwolke) als Kugeln aufgefaßt werden.

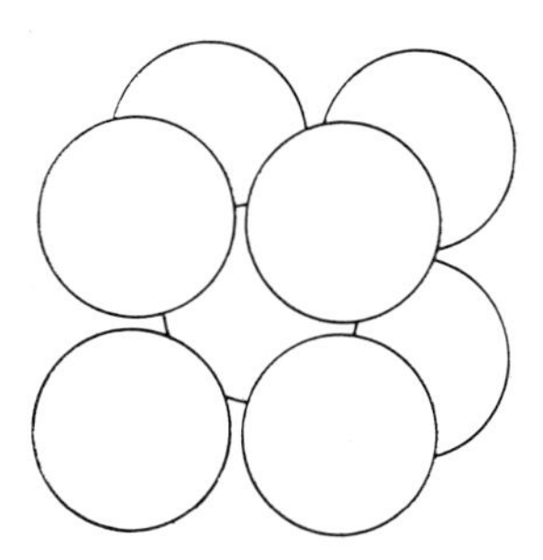

Bild 24. Kubisch raumzentrierte Elementarzelle, als Kugelpackung dargestellt.

Die Kantenlängen der Elementarzellen, also der Abstand von einem Atommittelpunkt bis zum Mittelpunkt des nächsten Atoms, sind *Gitterkonstanten.* Diese winzigen Entfernungen mißt man in Nanometer (nm). Der Gitterabstand bei Raumtemperatur beträgt z. B. beim Eisen 0,287 nm, beim Kupfer 0,362 nm und beim Blei 0,495 nm. Der Gitterabstand wird durch innere anziehende und abgestoßene Kräfte im Gleichgewicht gehalten. Von außen wirkende Druckkräfte verkleinern den Abstand, Zugkräfte vergrößern ihn. Man kann deshalb mit Röntgenstrahlen mechanische Spannungen in Metallen messen.

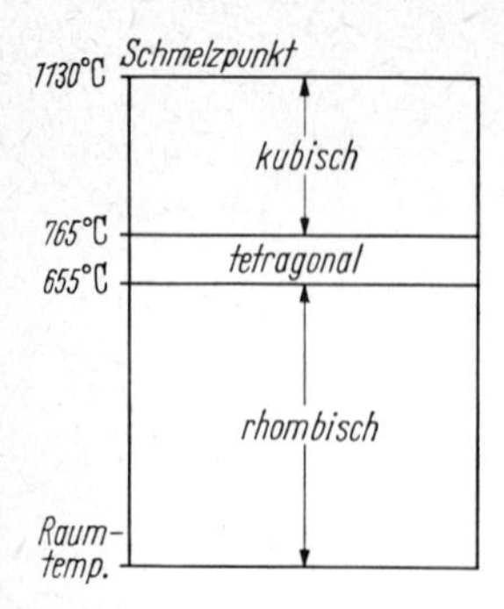

Bild 25. Die allotropen Modifikationen des Urans.

Es gibt auch Metalle, die bei verschiedenen Temperaturen verschiedene Raumgitter haben. Diese verschiedenen Formen desselben Metalls werden *allotrope Modifikationen*[1] genannt.

Uran z. B. ändert beim Erhitzen von Raumtemperatur bis zum Schmelzpunkt — und entsprechend auch wieder beim Abkühlen — zweimal die Anordnung seiner Atome, tritt also in drei verschiedenen Modifikationen auf (Bild 25). Das bedeutet, daß in Hochtemperaturreaktoren bei jedem Überschreiten der Grenztemperatur sich die Atome der Brennelemente umordnen, wodurch die Stäbe immer länger werden. Um Reaktorunfälle durch Verformung der Uran-Brennelemente zu vermeiden, werden Stäbe hergestellt, die das Uran in anderen Metallen z. B. Aluminium fein verteilt enthalten, oder man benutzt Verbindungen des Urans mit Nichtmetallen, wie Uranoxid, Urankarbid oder Urannitrit.

1.10 Die Umwandlungen des reinen Eisens

Wenn sich der Kristallaufbau im festen Zustand ändert, wird Wärme verbraucht oder freigegeben, je nachdem, ob diese Umwandlung beim Erwärmen oder Abkühlen stattfindet. Bei Metallen, die in allotropen Modifikationen vorkommen, zeichnen sich deshalb die Temperaturen, bei denen sich die Gitteratome umordnen, als weitere Haltepunkte unterhalb des Schmelzpunktes ab. Als Beispiel zeigt Bild 26 die Abkühlungs- und die Erhitzungskurve des reinen Eisens.

Verfolgen wir zunächst den Verlauf der Abkühlungskurve, so finden wir bei 1536 °C als ersten Haltepunkt den Erstarrungspunkt des reinen Eisens. Die wieder freiwerdende Schmelzwärme hält hier die Temperatur des Schmelzbades auf gleicher Höhe, bis der letzte Rest Schmelze kristallisiert ist. Nach dem Erstarren sind die Körner des reinen Eisens aus raumzentrierten Würfelchen mit einem Gitterabstand von 0,293 nm aufgebaut. Diese Würfel werden mit dem griechischen Buchstaben δ (Delta) bezeichnet.

[1] Griechisch allo... = verschieden, gegensätzlich; allotrop = verschiedenartig, verschieden gestaltet (vgl. iso... = gleich); Modifikation (lat.) = abgewandelte Erscheinungsform; allotrope Modifikationen = verschiedenartig abgewandelte Erscheinungsformen.

Das δ-Eisen ist bei weiterem Abkühlen bis 1392 °C beständig. Hier tritt wieder ein Haltepunkt auf, bei dem sich das kubisch raumzentrierte Gitter des δ-Eisens in ein kubisch flächenzentriertes Gitter mit einem Gitterabstand von 0,368 nm umordnet. Die neugebildeten, flächenzentrierten Würfel nennt man γ (Gamma)-Würfel und spricht also im Temperaturbereich unterhalb 1392 °C von γ-Eisen.

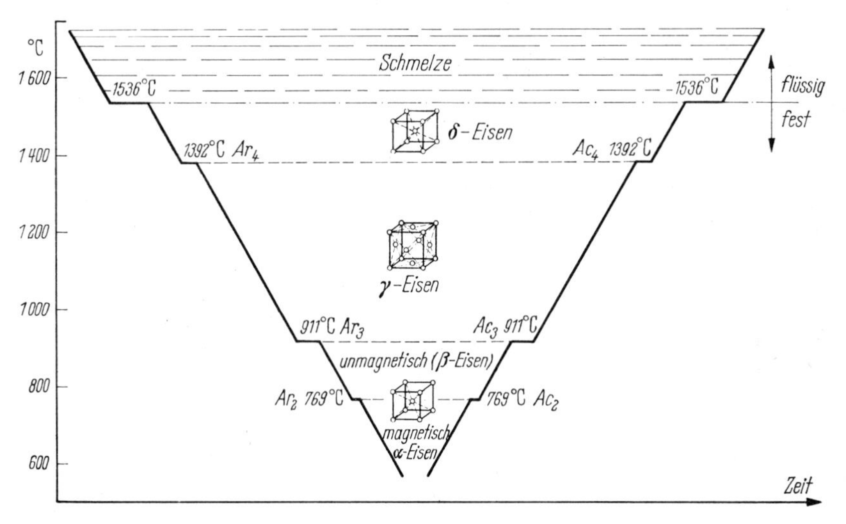

Bild 26. Abkühlungs- und Erhitzungskurve des reinen Eisens.

Die Eisenprobe kühlt nun längere Zeit ab, ohne daß sich, abgesehen von einer Volumenverminderung, etwas ereignet. Erst bei 911 °C tritt ein weiterer Haltepunkt auf. Das γ-Eisen, dessen Gitteratome inzwischen auf 0,363 nm zusammengerückt sind, wird nochmals umgebaut, und zwar erneut in raumzentrierte Würfel. Den bei Temperaturen unter 911 °C beständigen, raumzentrierten Würfel nennt man α (Alpha)-Würfel. Sein Gitterabstand beträgt bei 911 °C 0,250 nm und bei Raumtemperatur 0,286 nm.

Das α-Eisen unterscheidet sich vom δ-Eisen nur durch seinen Gitterabstand. Der größere Gitterabstand des δ-Eisens ist darauf zurückzuführen, daß die Atome bei den hohen Temperaturen lebhafter schwingen und deshalb mehr Raum benötigen als in dem bei tieferen Temperaturen vorkommenden α-Eisen.

Die Stufen in der Kurve, bei denen Umwandlungen im festen Zustand ablaufen, sind wegen der geringeren freiwerdenden Wärmemenge kürzer als die Stufe beim Erstarrungspunkt, bei der sich der Aggregatzustand ändert.

Die Erhitzungskurve des reinen Eisens ist, wie bei allen Metallen, das Spiegelbild der Abkühlungskurve. Die raumzentrierten α-Würfel wandeln sich beim Erhitzen bei 911 °C in flächenzentrierte γ-Würfel um, die bei 1392 °C in raumzentrierte δ-Würfel umklappen.

Eine weitere Stufe tritt bei 769 °C auf. Wenn man reines Eisen erhitzt, geht es bei dieser Temperatur vom magnetischen in den unmagnetischen Zustand über. Diese Eigenschaftsänderung macht sich durch einen schwach ausgeprägten Haltepunkt bemerkbar. Derselbe Vorgang spielt sich bei der Abkühlung in umgekehrter Reihenfolge ab. Man nahm zuerst an, daß hier ebenfalls eine Umwandlung stattfindet und nannte das Eisen zwischen 769 °C und 911 °C β (Beta)-Eisen. Es wurde aber später nachgewiesen, daß sich bei diesem Haltepunkt das Gitter nicht umwandelt, der α-Würfel also beim Durchgang durch diese Temperatur erhalten bleibt. Der Ausdruck β-Eisen wird deshalb in der Praxis nicht mehr benutzt. Man spricht also bei 911 °C nicht von einer $\beta \rightarrow \gamma$-Umwandlung, sondern immer nur von einer $\alpha \rightarrow \gamma$-Umwandlung.

Die Haltepunkte der Abkühlungs- und Erhitzungskurve des reinen Eisens werden alle mit dem Buchstaben *A* bezeichnet[1]. Diesem Buchstaben wird ein *r* angehängt[2], wenn es sich um Haltepunkte der Abkühlungskurve handelt. Die Haltepunkte der Erhitzungskurve werden durch ein *c* gekennzeichnet[3]. Die Punkte sind außerdem numeriert.

Ein A_1-Punkt tritt nur bei kohlenstoffhaltigem Eisen bei 723 °C auf.

Von außerordentlicher Wichtigkeit für die Technik ist die A_3-Umwandlung ($\alpha \rightleftharpoons \gamma$) des Eisens, die Tatsache also, daß sich das bei Raumtemperatur beständige, raumzentrierte α-Gitter des Eisens bei 911 °C mit großer Geschwindigkeit in das flächenzentrierte γ-Gitter umordnet, das wieder in α-Würfel umklappt, wenn die Temperatur unter den A_3-Punkt sinkt.

1.11 Veränderungen im inneren Aufbau der Metalle durch äußere Kräfte

Wenn wir auf ein festes Metall bei Raumtemperatur eine Kraft einwirken lassen, z. B. mit einem Hammer darauf schlagen, es zu biegen oder zu zerreißen versuchen, hat der Atomverband des Metallstückchens das Bestreben, seinen Aufbau beizubehalten.

Wenn es gelingt, mit größerer Kraft den Widerstand des Metalls zu überwinden, beginnt es nachzugeben. Es bricht jedoch nicht auseinander, sondern verformt sich. Mit zunehmender Verformung *verfestigt* sich das Metallstückchen *(Kaltverfestigung)* und sein Widerstand gegen weitere Verformung wird immer größer *(Verformungswiderstand)*. Es muß immer mehr Kraft aufgewendet werden, um das Metallstückchen weiter zu verformen.

Hämmern wir nun weiter, so kommt einmal der Augenblick, an dem das Verformungsvermögen des Metalls erschöpft ist. Unsere mißhandelte Probe wird rissig.

Die *Festigkeit* und die Fähigkeit, sich unter der Einwirkung äußerer Kräfte zu verformen *(Verformungsvermögen)* und zu verfestigen *(Verfestigungsvermögen)* sind für die praktische Verwendung der Metalle wichtige Eigenschaften. Diese Eigen-

[1] Französisch arrêter = anhalten.
[2] Französisch refroidissement = Abkühlung.
[3] Französisch chauffage = Erhitzung.

schaften sind bei den verschiedenen Metallen sehr unterschiedlich und ändern sich außerdem mit der Temperatur.

Was geht nun im Inneren der Kristalle vor, wenn die Verformung beginnt?

Wir wollen uns vorstellen, daß unser Metallstückchen nicht aus vielen kleinen, unregelmäßigen Körnern besteht, sondern selbst nur *ein* Kristall ist. Solche *Einkristalle* können im Laboratorium erzeugt (gezüchtet) werden. Bei *geringer* Beanspruchung auf Zug oder Druck werden sich die Gitteratome dieses Einkristalles nur elastisch voneinander entfernen oder näher zusammenrücken. Hört die Belastung auf, springen sie auf ihre alten Plätze zurück. Die Form des Einkristalls wird also nur elastisch geändert *(elastische Verformung)*.

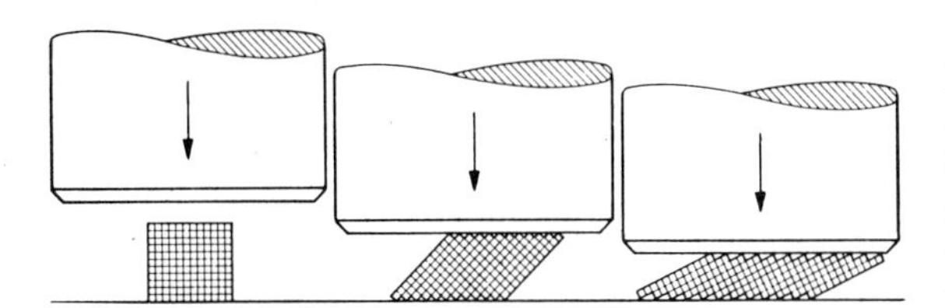

Bild 27. Die Atomverbände eines Einkristalles beginnen unter äußerer Beanspruchung aufeinander zu gleiten und sich in die kristallographisch günstigste Lage zur Beanspruchungsrichtung einzustellen. Der Einkristall verformt sich.

Bei *starker* Beanspruchung beginnen die Atomverbände auf bestimmten Gitterebenen — den *Gleitebenen* — abzugleiten, wobei Teile des Gitters immer um einen Atomabstand oder ein Vielfaches dieser Entfernung gegeneinander verschoben werden (Bild 27). Die Atome federn jetzt nicht mehr zurück, wenn die Belastung aufhört. Das Metallstück ist *bildsam* verformt (plastische oder bleibende Verformung). Je mehr Gleitflächen ein Metall hat, desto *bildsamer* ist es. Deshalb lassen sich kubisch flächenzentrierte Metalle, wie Aluminium, Kupfer und Nickel, die 12 Gleitmöglichkeiten haben, schnell und leicht kalt verformen. Kubisch-raumzentrierte Metalle, wie Eisen, Mangan und Molybdän, haben 4 Gleitmöglichkeiten und müssen deshalb etwas vorsichtiger behandelt werden. Hexagonale Metalle, wie Zink und Magnesium, mit nur 2 Gleitmöglichkeiten, müssen mit besonders niedrigen Geschwindigkeiten kalt verformt werden.

Die Bindekräfte, die die Atome eines Gitters zusammenhalten, sind bekannt. Es läßt sich deshalb berechnen, wie groß die Kraft sein müßte, die in einem vollständig fehlerfreien *Idealkristall* nötig wäre, um alle Atome einer Gitterebene gleichzeitig zu verschieben. Man kommt hierbei zu außerordentlich hohen Werten, gegen die die Kräfte, die in Wirklichkeit benötigt werden, nur sehr gering sind. Diese gegenüber Realkristallen 1000 bis 10000mal höhere Festigkeit wird von fast fehlerfreien, haarförmig gezüchteten Einkristallen (Whiskers) erreicht[1].

Die Atome sind im allgemeinen nicht in der Lage, vollständig fehlerfreie Gitter aufzubauen. *Realkristalle* enthalten deshalb immer eine Anzahl örtlicher Abweichun-

---

[1] Guy, A. G.: Metallkunde für Ingenieure, 3. Aufl. Wiesbaden: Akademische Verlagsgesellschaft 1978.

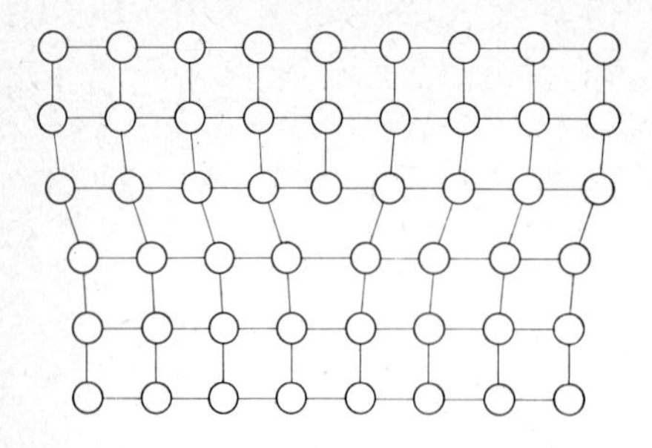

Bild 28. Schematische Darstellung einer Versetzung.

gen vom idealen Gitteraufbau *(Gitterfehler)*. Zu den Gitterfehlern, die in jedem Metall vorkommen, gehören auch die uns bereits bekannten Störstellen an den Korngrenzen.

Besondere Bedeutung bei den Gleitvorgängen kommt den *Versetzungen* zu (Bild 28). Versetzungen sind Gitterfehler, bei denen Atome örtlich enger zusammengerückt sind, während sie in der nächsten Gitterebene einen größeren Abstand voneinander haben. In der Regel durchziehen ganze *Versetzungslinien*, die von Gitterstörungen umgeben sind, den Kristall. Unter der Einwirkung äußerer Kräfte können diese Versetzungslinien leicht von einer Atomreihe zur anderen weiterwandern. Der Gleitvorgang durchläuft so, in zahlreiche *Gleitschritte* aufgelöst, die Gleitebenen und benötigt dadurch weniger Kraft.

Die *Kaltverfestigung* kann man sich so vorstellen, daß andere Störstellen, wie Korngrenzen, andersgerichtete oder bei der Verformung neu gebildete Versetzungen sowie Verunreinigungen, die sich zwischen den Gleitebenen verklemmen, die Versetzungen beim Wandern immer stärker behindern. Um die immer größer werdenden Hindernisse zu überwinden, muß die einwirkende Kraft ständig gesteigert werden,

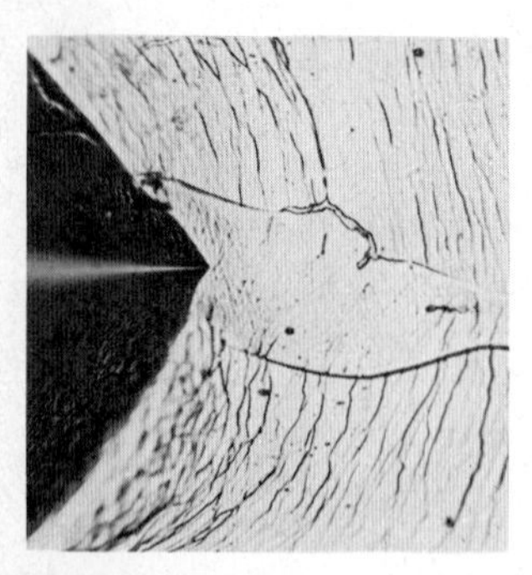

400:1

Bild 29. Durch einen Eindruck mit einem Härteprüfdiamanten erzeugte Gleitlinien in Eisenkristallen eines Mikroschliffes.

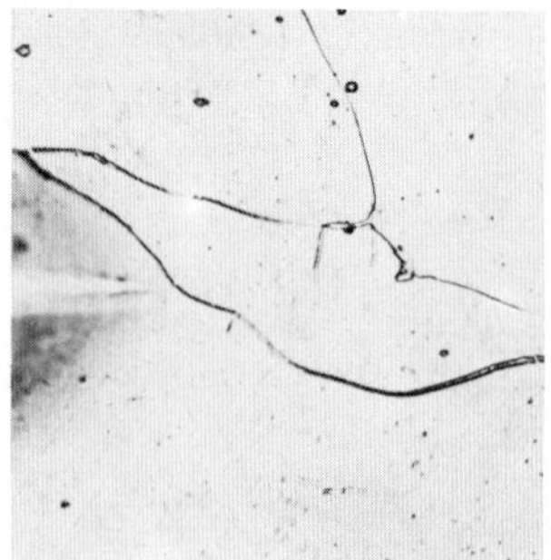

400:1

Bild 30. Dieselbe Stelle nochmals poliert und geätzt. Gleitlinien nicht mehr sichtbar.

bis sich sogar die Gleitebenen verbiegen, was ebenfalls zur Verfestigung beiträgt. In vielkristallinen Metallen tritt noch die Behinderung durch Gleitvorgänge in den Nachbarkristallen hinzu. Weitere Maßnahmen zur Erzielung besonderer Festigkeitseigenschaften durch bewußt herbeigeführte Gleitbehinderung, wie Legieren, Ausscheidungshärten und Umwandlungshärten, werden in späteren Abschnitten erläutert.

Die durch das Gleiten entstandenen Stufen sind im Mikroskop auch bei gewöhnlichen, vielkristallinen Metallen als *Gleitlinien* deutlich sichtbar. Bild 29 zeigt verbogene Gleitlinien, die rings um den Eindruck eines Härteprüfdiamanten in den Kristallen eines fertig polierten und geätzten Schliffes aus reinem Eisen erzeugt wurden. Da der Gitteraufbau bei geringem Gleiten erhalten bleibt, verschwinden die Gleitlinien (Stufen) wieder und erscheinen auch nicht mehr, wenn der Schliff nochmals poliert und geätzt wird (Bild 30).

Metalle, deren Gleitmöglichkeiten auf Grund des Gitteraufbaues nur gering sind, wie z. B. bei den hexagonalen Systemen (Kadmium, Magnesium, Zink u. a.), haben noch die Möglichkeit, äußeren Kräften durch *mechanische Zwillingsbildung* bildsam nachzugeben.

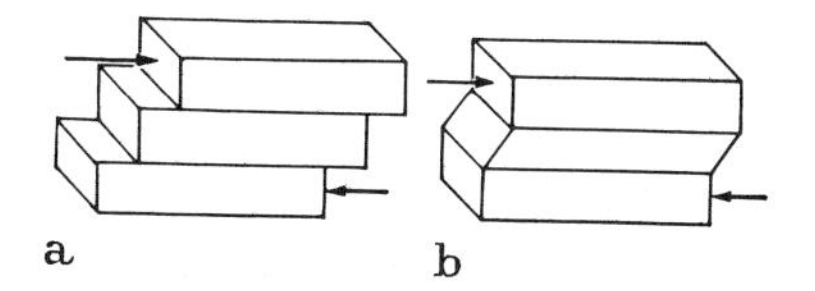

Bild 31. Unterschied zwischen Gleitung (**a**) und Zwillingsbildung (**b**).

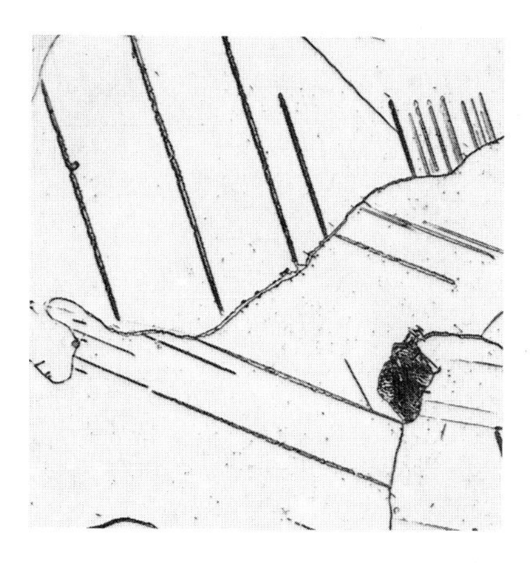

400:1

Bild 32. Durch schlagartige Beanspruchung entstandene Zwillingslamellen (NEUMANNsche Bänder) in Eisenkristallen.

400:1

Bild 33. Glühzwillinge in homogenen Messingkristallen (CuZn 37)

Die Zwillingsbildung stellt man sich so vor, daß Teile des Raumgitters mit sehr großer Geschwindigkeit in bestimmten Richtungen umklappen, wie in Bild 31 skizziert. Die dadurch bewirkte Verformung ist, im Vergleich zur Verformung durch Gleiten, nur gering. Diese *Verformungszwillinge* sind auch dann im Mikroskop zu sehen, wenn der Mikroschliff erst nach der Verformung hergestellt wurde, da die unterschiedlichen Orientierungen im Raumgitter erhalten bleiben.

Verformung durch Zwillingsbildung wird bei behinderter Gleitung auch in Metallen beobachtet, die viele Gleitmöglichkeiten haben. Wenn die Kraft so plötzlich einwirkt, daß die Gleitvorgänge nicht rechtzeitig einsetzen können, treten z. B. auch in Eisenkristallen Zwillingslamellen *(Neumannsche Bänder)* auf (Bild 32).

Eine andere Art von Zwillingen, deren Entstehung noch nicht endgültig geklärt ist, tritt nach Wärmebehandlung auf. Diese Glühzwillinge erscheinen im geätzten Mikroschliff immer als gerade, parallele Linienpaare (Bild 33). Sie sind für einige Metalle wie z. B. Kupfer, Nickel, Gold und Silber typisch. Es wird vermutet, daß Kristalle mit Glühzwillingen aus bereits verzwillingten Keimen gewachsen sind.

Besteht ein Stück Metall, wie gewöhnlich, aus einem Haufenwerk zahlreicher unregelmäßiger Körner, so sind die Gitter der einzelnen Körner vor der Kaltverformung verschieden gelagert, d. h. nicht orientiert (Bild 34). Die richtungsbedingten mechanischen Eigenschaften (z. B. Zugefestigkeit und Dehnung) der Körner gleichen sich dadurch aus. Ein nicht verformtes Metallstück hat deshalb in allen Richtungen gleiche mechanische Eigenschaften. Bei starker Kaltverformung werden jedoch die Gitter aller Körner nach und nach in die günstigste Lage zur Beanspruchungsrichtung einschwenken. Das Gefüge wird *orientiert*, es hat eine *Textur* (Bild 35). Das Metallstückchen hat dadurch in der Gleitrichtung andere mechanische Eigenschaften (z. B. Zugfestigkeit und Dehnung) als senkrecht dazu.

Von Textur spricht man grundsätzlich immer dann, wenn die Kristalle metallischer Werkstoffe orientiert sind. Neben der *Verformungstextur* kennt man deshalb noch

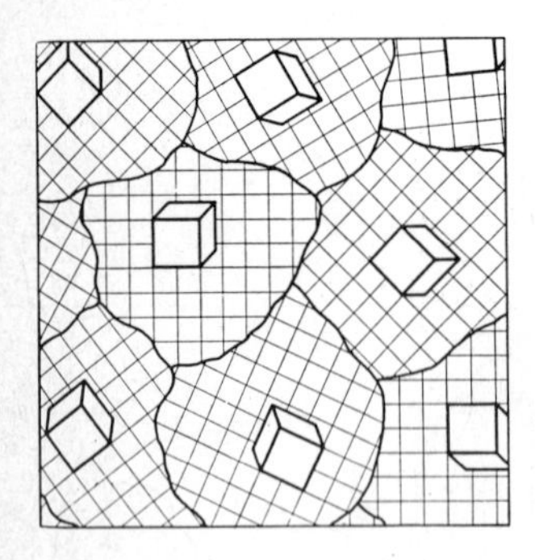

Bild 34. Nicht verformtes Metall. Mechanische Eigenschaften in allen Richtungen gleich.

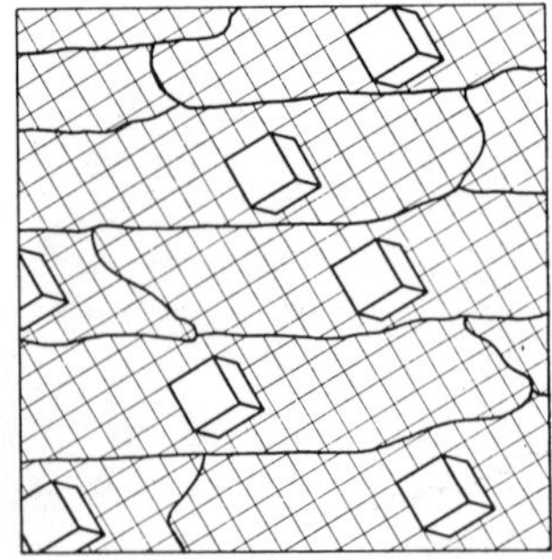

Bild 35. Kalt verformtes Metall. Mechanische Eigenschaften in der Gleitrichtung anders als senkrecht dazu.

die *Gußtextur* (s. Bild 16), die *Wachstumstextur* (z. B. bei galvanisch aufgetragenen Schichten) und die *Rekristallisationstextur*.

Die Gleichrichtung der Kristalle kann so weit gehen, daß Gleitvorgänge in stark verformten vielkristallinen Metallen sich aus einem Kristall in den gleichgerichteten Gittern der Nachbarkristalle fortsetzen können. Mit zunehmender Kaltverformung verhalten sich deshalb vielkristalline reine Metalle und homogene Legierungen immer mehr wie Einkristalle. Das zeigt Bild 36 am Beispiel eines Blechstückchens aus homogenem Messing (aus Mischkristallen aufgebaute Kupfer-Zink-Legierung mit mindestens 67,5% Kupfer). Das sehr feinkörnige Messingblech wurde oberflächlich mit einer Flachzange kalt verformt. Die zahlreichen kleinen, verformten und dadurch gleichgerichteten Kristalle verhielten sich wie ein Einkristall, als das Blechstückchen anschließend gebogen wurde. Die Gleitvorgänge wurden durch die ganze verformte Oberflächenschicht hindurch von einem Kristall zum anderen weitergegeben.

Da der Verformungswiderstand von Blechen, die eine Textur aufweisen, in verschiedenen Richtungen unterschiedlich ist, bilden sich leicht *Zipfel* (Abb. 37), wenn aus solchen Blechen Tiefziehteile hergestellt werden.

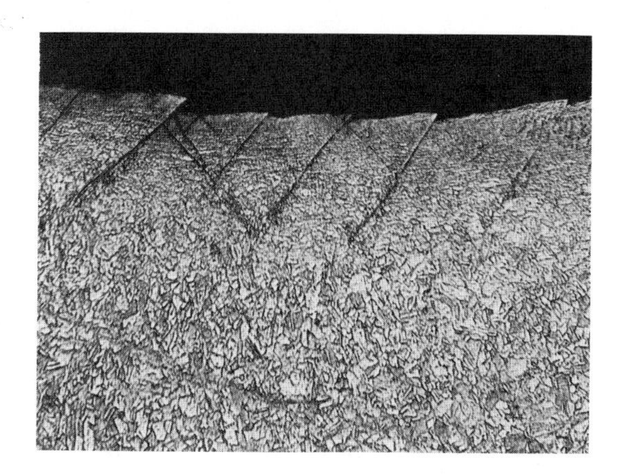

200:1

Bild 36. Gleitlinien, die beim Biegen eines oberflächlich kalt verformten Bleches aus feinkörnigem Messing in der kaltverformten Zone entstanden sind.

Bild 37. Zipfelbildung bei tiefgezogenen Näpfchen aus Aluminium, rechts zipfelfreies Material.

Für die Kernreaktor-Technik ist die Tatsache wichtig, daß auch energiereiche Strahlung, wie sie im Spaltmaterial auftritt, in der Lage ist, die Eigenschaften fester Werkstoffe zu verändern. Vor allem *schnelle Neutronen* können Atome aus ihren Gitterplätzen herausschießen. Ein aus seinem Platz herausgeschleudertes Atom kann sich als *Zwischengitteratom* zwischen zwei anderen Atomen festklemmen. In Bild 38 ist schematisch und stark vereinfacht dieser Vorgang dargestellt.

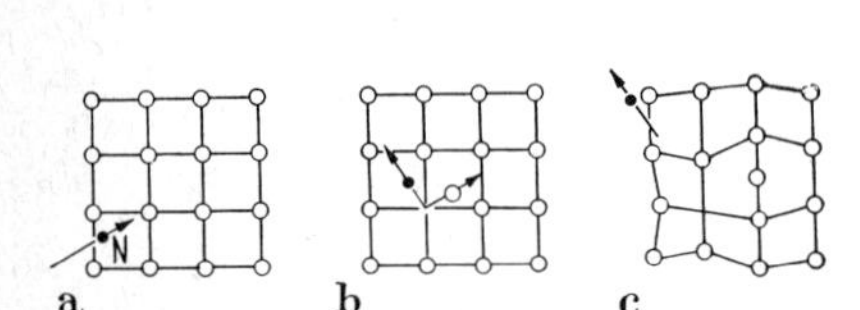

Bild 38a–c. Veränderung der Eigenschaften eines Metalles durch Neutronenbeschuß. **a** Ein Neutron (N) schießt in das Raumgitter und trifft auf ein Gitteratom. **b** Der Zusammenprall ist so heftig, daß das Gitteratom aus seinem Platz geschossen und das Neutron abgelenkt wird. Es entsteht eine Leerstelle im Gitter. **c** Das herausgeschossene Atom hat sich zwischen zwei anderen Gitteratomen festgeklemmt (Zwischengitterplatz). Leerstellen und Zwischengitterplätze verzerren das Gitter, das Metall wird spröder.

Das abgelenkte Neutron ist meist noch in der Lage, weitere Atome aus ihren Plätzen zu werfen. Die herausgeschossenen Atome kommen nicht immer auf Zwischengitterplätzen zur Ruhe sondern werfen mit der vom Neutron übernommenen Bewegungsenergie häufig selbst noch andere Atome aus ihren Gitterplätzen. So entsteht eine Anzahl von *Gitterleerstellen* und *Zwischengitteratomen* (Frenkel-Defekte), bevor die Energie des Neutrons verbraucht ist. Diese Fehler können das Gitter stark verspannen und dadurch den Werkstoff wie bei der Kaltverformung fester und spröder machen *(Neutronenstrahlen-Verfestigung)*.

Je mehr freie Gitterplätze auf diese Art entstehen, um so eher ist es möglich, daß herausgeschossene Atome in solche Leerstellen springen. Bei konstanter Einstrahlung und konstanter Temperatur streben deshalb die Frenkel-Defekte einem Sättigungswert zu[1]. Bei hohen Temperaturen, wie sie im Inneren eines Reaktors auftreten, können die Atome wandern und sind dadurch in der Lage, die Frenkel-Defekte wieder auszuheilen. Proben, die zu Versuchszwecken in die Mitte eines Kernreaktors eingebracht werden, müssen deshalb gekühlt werden, wenn man anschließend die durch den Neutronenbeschuß hervorgerufenen Veränderungen untersuchen will.

Durch Neutronenbestrahlung in einem Reaktor konnte bei Kupfer bereits die Festigkeit auf das 100fache des normalen Wertes gesteigert werden. Auch die Eigenschaften von Halbleitermaterialien, wie Germanium oder Silizium oder Verbindungen dieser Stoffe, können durch energiereiche Strahlung weitgehend verändert werden[2].

---

[1] Sagel, K.: Werkstoffe unter Bestrahlung. In: Werkstoffhandbuch Nichteisenmetalle, 2. Aufl. Düsseldorf: VDI-Verlag 1960.

[2] technica 1966, Nr. 24, S. 2390.

1.12 Rekristallisation und Kornwachstum

Wie wir gesehen haben, sind in einem kaltverformten Metall die Kristalle, je nach Größe der angewandten Kraft, mehr oder weniger stark gereckt. Die Atome versuchen zwar bei der Kaltverformung den Gitteraufbau zu erhalten, können aber nicht verhindern, daß mit zunehmender Gestaltänderung immer mehr Stellen der Raumgitter *gestört* werden.

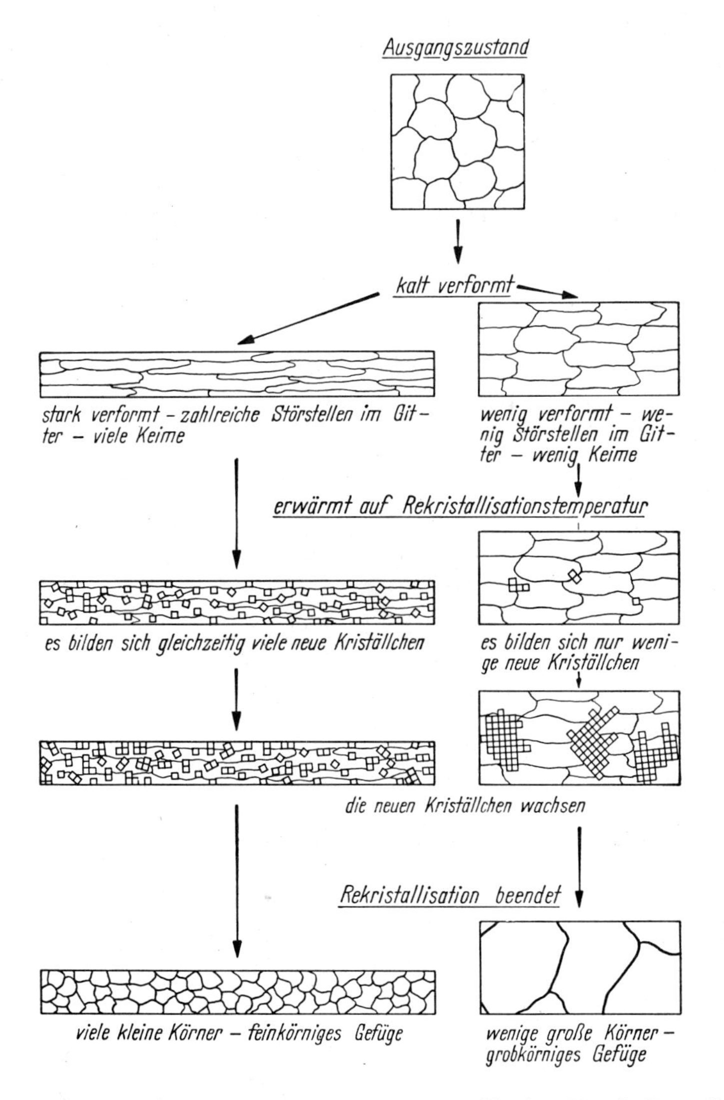

Bild 39. Schematische Darstellung der Rekristallisation. Um die Darstellung nicht zu verwirren, sind nur die Raumgitter der neugebildeten Kristalle angedeutet.

Da die Natur immer den Zustand des geringsten Energieinhaltes anstrebt, wünschen die an den Störstellen in eine Zwangslage geratenen Atome nichts dringender, als sich daraus zu befreien und das Gitter so regelmäßig wie nur irgend möglich wieder aufzubauen. Bei niedrigen Temperaturen fehlt ihnen die hierzu nötige Bewegungsenergie. Wenn man sie erwärmt, werden sie beweglicher und haben bald genügend Energie, um mit dem Wiederaufbau des gestörten Gitters zu beginnen.

Zunächst wird nur der innere Gitteraufbau der Körner geordnet, wobei Korngrenzen und damit die Korngröße noch erhalten bleiben. Bei diesem Kristallerholung oder Spannungsarmglühen genannten Vorgang geht die Kaltverfestigung etwas zurück. Durch höheres Erwärmen kann, unter gleichzeitigem Neuaufbau des Gefüges die Kaltverfestigung vollständig beseitigt werden. Wie schematisch in Bild 39 dargestellt, spielt sich dann ein ähnlicher Vorgang ab, wie bei der Kristallisation aus dem flüssigen Zustand.

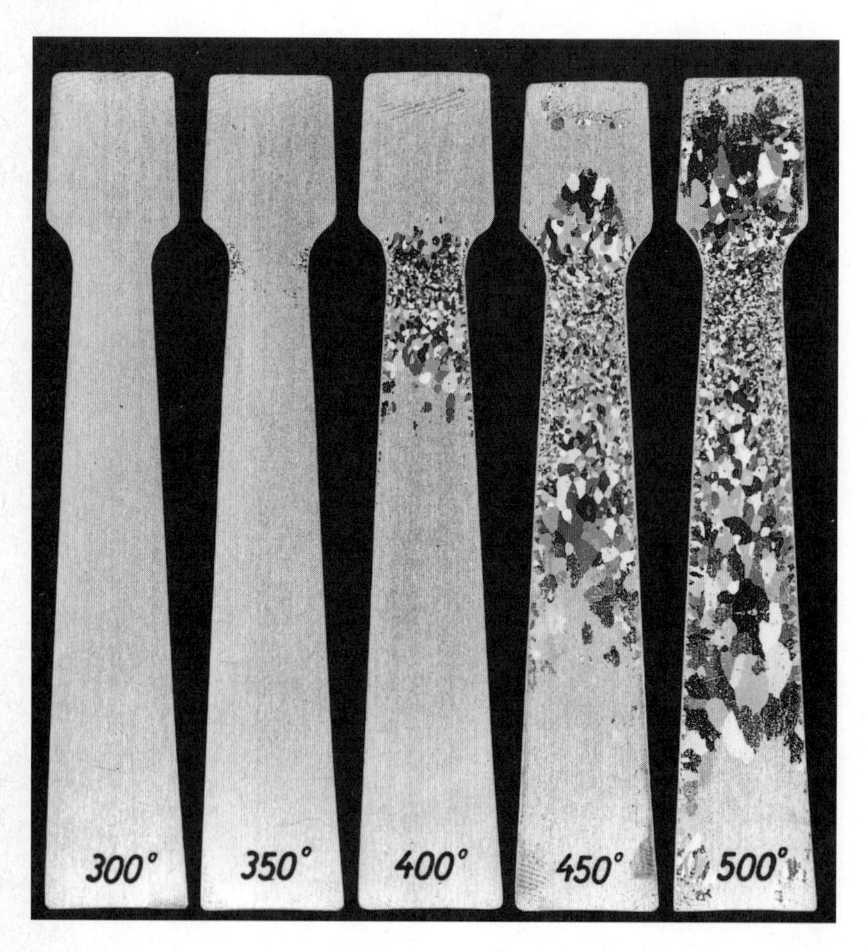

1:2

Bild 40. Bei verschiedenen Temperaturen rekristallisierte Keilzugproben aus Reinaluminium.

In stark verformten Körnern ist die Zuordnung der Atome zum alten Kristallaufbau soweit verlorengegangen, daß sie sofort neue Gitter aufbauen. Beim Erwärmen werden sich deshalb an den reichlich vorhandenen Störstellen, vor allem im Bereich der schon vor der Kaltverformung ungeordnet gewesenen alten Korngrenzen schnell zahlreiche Kriställchen bilden, die nicht sehr groß werden können, da sie bald mit neugebildeten Nachbarkristallen zusammenstoßen. Nach *starker* Kaltverformung entsteht also ein Gefüge aus sehr vielen kleinen Kristallen, ein *feinkörniges Gefüge.*

Sind durch geringe Kaltverformung nur wenige *Störstellen* entstanden, werden auch Atome benachbarter Kristalle an den wenigen neugebildeten Kriställchen weiterbauen, bis das ganze verformte Gefüge abgebaut und regelmäßiger wieder neu aufgebaut ist. Es entstehen also nur wenige große Körner.

Da das Bestreben der Atome, neue Gitter aufzubauen, um so größer ist, je stärker die Gitter gestört wurden, beginnen die Atome nach starker Kaltverformung schon bei tieferer Temperatur mit dem Wiederaufbau als bei schwacher Verformung, d. h. der Rekristallisationsbeginn verschiebt sich mit steigendem Verformungsgrad zu niedrigeren Temperaturen.

Bei hohen Rekristallisationstemperaturen beginnen die neugebildeten Kristalle teilweise schon vor Beendigung der Rekristallisation sich gegenseitig aufzuzehren. Das geht so vor sich, daß die weniger stabilen Körner mit ihrem Gitter in die Orientierung stabilerer Nachbarn gezogen werden und mit ihnen zu einem Korn verwachsen. Weniger stabil ist jedes Korn, dessen Gitter mehr Störstellen enthält, als das des benachbarten Kornes. Dieses *Kornwachstum* hört auch nach beendigter Rekristallisation nicht auf, wenn das Metall weiter auf hoher Temperatur gehalten wird, die Atome also genügend Bewegungsfreiheit haben *(sekundäre Rekristallisation).* Das Kornwachstum ist mit ein Grund dafür, daß bei höherer Rekristallisationstemperatur gröberes Korn entsteht.

Die Größe der durch Rekristallisation neugebildeten Körner ist bei vollständig reinen Metallen also abhängig vom Verformungsgrad, von der Rekristallisationstemperatur und von der Dauer der Erwärmung.

200:1
Bild 41. Bei Raumtemperatur aufgetretene Rekristallisationserscheinungen an Schleifriefen in einer Bleiprobe.

Praktisch verwendete Metalle sind nie vollkommen rein. Verunreinigungen behindern das Kornwachstum. Ein stark verunreinigtes Metall wird deshalb bei gleichem Verformungsgrad und gleicher Rekristallisationstemperatur feinkörniger rekristallisieren als ein sehr reines Metall.

Bild 40 zeigt Keilzugproben aus Reinaluminium, die nach dem Recken auf verschiedene Temperaturen erwärmt wurden. Durch die Keilform der Zugstäbe wurden unter der bei allen Proben gleichen Zugbelastung die Stäbe in sich unterschiedlich gereckt. Im Bild ist zu erkennen, daß die Rekristallisation bei der auf 350 °C erwärmten Probe in dem am stärksten kaltverformten Bereich unmittelbar unter dem Kopf eingesetzt hat. Mit steigender Temperatur sind dann zunehmend auch weniger verformte Zonen rekristallisiert. An dem bei 500 °C fast vollständig rekristallisierten Stab ist deutlich der Zusammenhang zwischen Reckgrad und Größe der neuen Körner zu erkennen.

Bei Metallen, die schon bei Raumtemperatur rekristallisieren, wie z. B. Blei und Zinn, kann die Aussagekraft metallographischer Untersuchungsarbeiten erheblich durch Rekristallisationserscheinungen gestört werden, die durch Kaltverformen bei der Probennahme oder der Schliffherstellung ausgelöst werden. Als Beispiel zeigt Bild 41 rekristallisiertes Korn an Schleifriefen in einer Bleiprobe.

2 Legierungen

2.1 Allgemeines

Nur wenige Eigenschaften, wie elektrische Leitfähigkeit und plastisches Verformungsvermögen, sind bei den reinen Metallen am besten. Die für die meisten technischen Verwendungszwecke nötigen Eigenschaften werden erst durch Legierung erreicht.

Legierungen sind innige Mischungen von Metallen oder auch von Metallen mit Nichtmetallen, wobei der metallische Charakter gewahrt bleiben muß. Durch die unendlich vielen Legierungsmöglichkeiten kann man die Eigenschaften der Legierungen so steuern, daß sich für die verschiedensten Verwendungszwecke geeignete Materialien erzeugen lassen. Wir wollen deshalb mit unseren Versuchen einen Schritt weitergehen und einfache, aus zwei Stoffen bestehende *Zweistofflegierungen* herstellen und untersuchen.

In den meisten Fällen werden Legierungen so hergestellt, daß man das in größeren Mengen benötigte *Grundmetall* allein schmilzt und den zweiten Bestandteil dann im flüssigen oder festen Zustand hinzufügt. Schwierigkeiten können entstehen, wenn ein nur in geringer Menge hinzuzufügender Stoff einen wesentlich höheren Schmelzpunkt hat als das Grundmetall. Erhitzen des Grundmetalls weit über seinen Schmelzpunkt hinaus kann sehr nachteilig sein, z. B. dadurch, daß das Metall zu verdampfen beginnt oder die Schmelze größere Mengen Gas aufnimmt, was später zu porigem Guß führt. Wenn es sich, was meistens der Fall ist, um eine Legierung handelt, deren Schmelzpunkt niedriger liegt als die Schmelzpunkte der Ausgangsstoffe, kann man sich dadurch helfen, daß man erst kleine Stückchen herstellt, die den höher schmelzenden Legierungsbestandteil als Grundmetall enthalten. Diese *Vorlegierungen* haben einen niedrigeren Schmelzpunkt als die reinen Stoffe und können im flüssigen Grundmetall aufgelöst werden, ohne daß dieses unnötig hoch erhitzt werden muß.

Die verschiedenen Metalle verhalten sich gegeneinander und gegen Nichtmetalle sehr unterschiedlich. Es gibt Metalle, die sich mit anderen Metallen oder auch mit Nichtmetallen im flüssigen Zustand ineinander lösen und diese homogene Verteilung auch im festen Zustand beibehalten. Andere sind im flüssigen Zustand ineinander löslich, kristallisieren aber getrennt, wenn die Erstarrung beginnt. Einige Metalle lösen sich weder im flüssigen noch im festen Zustand ineinander.

2.2 Vollständige Unlöslichkeit im flüssigen und festen Zustand

Sowohl im flüssigen als auch im festen Zustand folgt hier jedes Legierungselement nur seinen eigenen Gesetzen. Solche Legierungen müßten eigentlich *Gemische* genannt werden, da sie eine für echte Legierung geltende Grundbedingung nicht erfüllen, nach der die Legierungselemente im flüssigen Zustand vollkommen ineinander löslich sein müssen. Die bei den meisten Legierungen zu beobachtende Gesetzmäßigkeit, daß ihre Schmelzpunkte von den Schmelzpunkten der Ausgangsstoffe abweichen, trifft hier nicht zu. Jeder Bestandteil behält seinen Schmelzpunkt. Der Stoff mit dem höheren Schmelzpunkt erstarrt zuerst. Der andere bleibt flüssig, bis die Temperatur weit genug gesunken ist und auch ihm erlaubt, fest zu werden. Wenn man so eine Schmelze unbeeinflußt erstarren läßt, werden sich die beiden Stoffe, ihrem spezifischen Gewicht entsprechend übereinanderschichten. Dieses geschichtete Gemisch ist für den praktischen Gebrauch ungeeignet. Durch lebhaftes Bewegen der Schmelze, schnelles Vergießen und schnelles Abkühlen verhindert man die Schichtbildung und bewirkt, trotz der unterschiedlichen spezifischen Gewichte, eine gleichmäßige Verteilung der beiden Legierungsbestandteile.

Auf diese Art hergestellte, als *Bleibronzen* bekannte Kupfer-Blei-Legierungen oder besser -Gemische (Bild 42), werden als Lagermetalle eingesetzt. Blei wirkt hier kurzfristig als Schmiermittelersatz, wenn beim Anlaufen einer Maschine die Ölzufuhr zum Lager noch nicht ausreicht. Die gute Wärmeleitfähigkeit des Kupfers schützt das Lager vor Überhitzung. Außerdem fangen die Bleistückchen kleine ins Lager gelangte harte Teilchen auf und betten sie so ein, daß sie keinen Schaden anrichten können.

Schmelzversuche mit solchen Legierungen werden auch im schwerelosen Spacelab durchgeführt, um zu ermitteln, ob sich beim Erstarren auftretende, vermutlich schwerkraftbedingte Schwierigkeiten im Erdorbit ausschalten lassen.

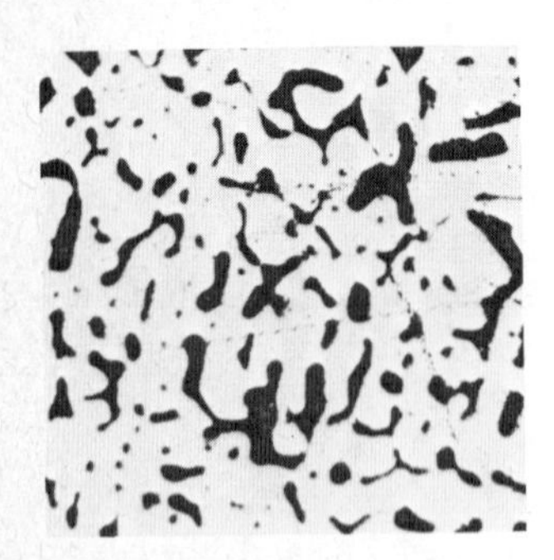

200:1
Bild 42. Lager-Bleibronze (ungeätzt). Helle Grundmasse Kupfer, dunkle Flecken Blei.

2.3 Eutektische Legierungssysteme

Die beiden Legierungsbestandteile A und B lösen sich zwar im flüssigen Zustand vollständig ineinander, bei der Erstarrung bauen jedoch die beiden Atomarten getrennt ihre eigenen Kristalle auf. Im festen Zustand liegt dann ein Gemisch von Kristallen vor, die nur Atome des einen oder des anderen Legierungselementes enthalten. Da die Kristalle A und B beim Ätzen des Mikroschliffes unterschiedlich angegriffen werden, sind im Mikroskop deutlich zwei verschiedene Arten von Körnern zu erkennen.

Nehmen wir von einer solchen Legierung eine Abkühlungskurve auf (Bild 43), so werden wir keinen Haltepunkt finden, bei dem die gesamte Schmelze bei gleichbleibender Temperatur erstarrt. Die beginnende Erstarrung, also die Bildung der ersten Kristalle, macht sich durch einen Knick in der Kurve bemerkbar. Bei weiter sinkender Temperatur scheiden sich laufend gleichartige Kristalle aus. Plötzlich tritt doch noch ein Haltepunkt auf und der Rest der Schmelze erstarrt bei gleichbleibender Temperatur wie ein reines Metall. Den Teil der Kurve vom Knickpunkt, der den Beginn der Erstarrung anzeigt, bis zum Haltepunkt, bei dem die *Restschmelze* erstarrt, nennt man *Erstarrungsbereich* (Erstarrungsintervall). Der Punkt der Kurve, der den Erstarrungsbeginn anzeigt, bis zu dem also alles flüssig ist, wird *Liquiduspunkt* genannt[1]. Der Punkt, bei dem die Restschmelze erstarrt, heißt *Soliduspunkt*[1].

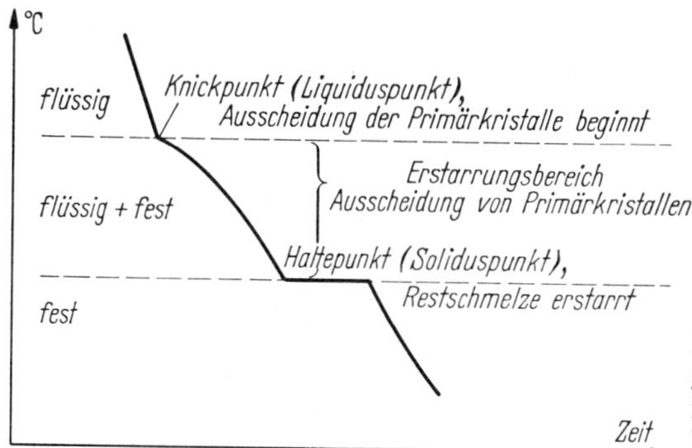

Bild 43. Abkühlungskurve einer Legierung mit vollständiger Löslichkeit im flüssigen und vollständiger Unlöslichkeit im festen Zustand.

Um das Wesen eines solchen Legierungssystems zu ergründen, stellen wir mehrere Schmelzen mit unterschiedlichen Gehalten an beiden Legierungsbestandteilen her und nehmen ihre Abkühlungskurven auf (Bild 44). Wir erhalten eine Anzahl von Kurven, die der im Bild 43 gezeigten ähnlich sind. Die Punkte der beginnenden Erstarrung (Liquiduspunkte) liegen alle bei verschiedenen Temperaturen. Die Erstarrung endet jedoch mit einem Haltepunkt (Soliduspunkt) der in allen Kurven bei derselben Temperatur liegt. Einer Kurve fehlt der Erstarrungsbereich vollständig, obgleich es sich auch hier um eine Legierung und nicht um ein reines Metall handelt.

Die gefundenen Knick- und Haltepunkte übertragen wir in ein Koordinatensystem, auf dessen waagerechter Linie *(Abszisse)*, hier *Konzentrationsgrade* genannt, neben den Standpunkten der reinen Stoffe an beiden Enden, alle Legierungsmöglichkeiten zwischen den beiden Stoffen *A* und *B* eingezeichnet sind. Auf den Senkrechten

[1] Lateinisch liquidus = flüssig, solidus = fest.

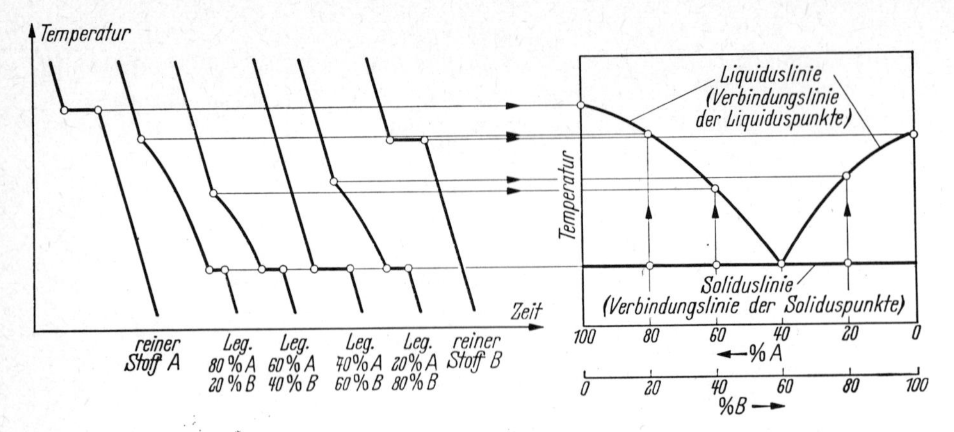

Bild 44. Ableitung des Erstarrungsschaubildes für alle Legierungen zwischen zwei Stoffen *A* und *B* aus den Abkühlungskurven der Einzellegierungen für den Fall vollkommener Löslichkeit im flüssigen und vollkommener Unlöslichkeit im festen Zustand.

(Ordinaten) sind die Temperaturen aufgetragen. Überträgt man nun die Liquiduspunkte der einzelnen Abkühlungskurven in das Koordinatensystem, so ergibt ihre Verbindungslinie eine V-förmige Kurve, die anzeigt, daß die Schmelzpunkte der reinen Stoffe *A* und *B* durch Legieren erniedrigt werden. Die durch Verbindung der Liquiduspunkte entstandene Linie heißt *Liquiduslinie*. Die Haltepunkte der endgültigen Erstarrung liegen alle bei derselben Temperatur. Die Verbindungslinie der Soliduspunkte, die *Soliduslinie* ist deshalb eine waagerechte Gerade.

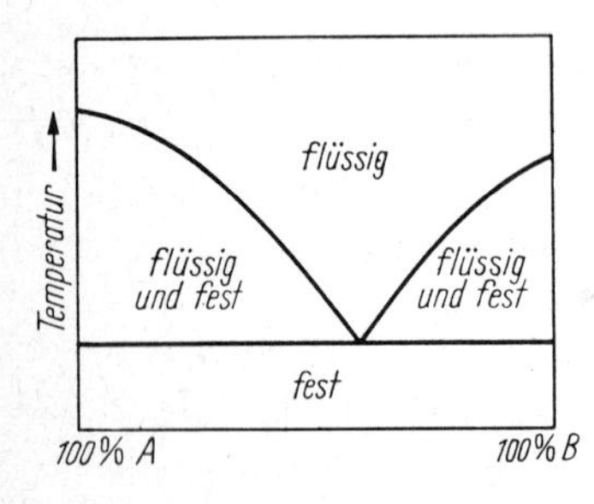

Bild 45. Aggregatzustände in den Zustandsfeldern des in Bild 44 abgeleiteten Diagramms.

Die Liquiduslinie und die Soliduslinie unterteilen das Schaubild in 4 Felder (Bild 45). In jedem Feld herrscht ein bestimmter Zustand. Im Gebiet oberhalb der Liquiduslinie ist alles flüssig (Schmelze). Unterhalb der Soliduslinie ist alles fest. In den beiden Feldern zwischen Liquidus- und Soliduslinie bestehen Kristalle und Schmelze nebeneinander. Das gesamte Schaubild wird *Zustandsschaubild* oder *Zustandsdiagramm* genannt und gilt für sämtliche Legierungen zwischen den beiden Stoffen *A* und *B*.

Das Verfahren, aus Abkühlungskurven Zustandsschaubilder abzuleiten, nennt man *thermische Analyse*. Durch mikroskopische Gefügeuntersuchungen der verschiedenen Legierungen kann man weitere Erkenntnisse gewinnen.

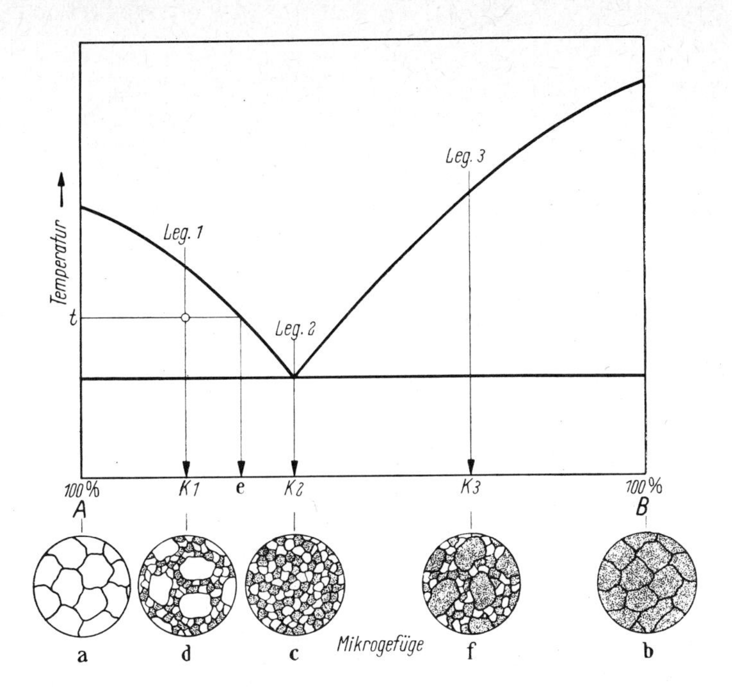

Bild 46a–f. Zustandsschaubild für alle Legierungen zwischen zwei Stoffen *A* und *B* bei vollkommener Löslichkeit im flüssigen und vollkommener Unlöslichkeit im festen Zustand.
a reine *A*-Kristalle; **b** reine *B*-Kristalle; **c** Eutektikum aus *A*- und *B*-Kristallen; **d** primär ausgeschiedene *A*-Kristalle in Eutektikum aus *A*- und *B*-Kristallen; **e** Zusammensetzung der Restschmelze für Legierung *1* bei Temperatur *t*; **f** primär ausgeschiedene *B*-Kristalle in Eutektikum aus *A*- und *B*-Kristallen.

Wie sehen nun die verschiedenen Legierungen unter dem Mikroskop aus? An Hand des Bildes 46 wollen wir drei verschiedene Legierungen bei der Abkühlung beobachten. Die reinen Metalle *A* und *B* erstarren, wie bereits bekannt, zu unregelmäßig geformten Körnern.

Alle Legierungen links und rechts von der Konzentration *K2* scheiden zuerst nur Kristalle aus den im Überschuß vorhandenen Atomen aus. Bei der Legierung *1* entstehen deshalb bei der Erstarrung zuerst (primär) Kristalle, die nur aus *A*-Atomen aufgebaut sind. Diese zuerst ausgeschiedenen *Primärkristalle* bieten bei weiterer Abkühlung günstige Anlagerungsplätze für artgleiche Atome, so daß sie zu großen Körnern wachsen können. Durch dauernde Abgabe von Atomen für den Bau weiterer Primärkristalle verarmt die Schmelze allmählich an *A*-Atomen. Die Zusammensetzung der abkühlenden Restschmelze ändert sich also ständig und nähert sich immer mehr der Konzentration *K2*. Will man wissen, welche Zusammensetzung die Restschmelze innerhalb des Erstarrungsintervalls z. B. bei der Temperatur *t* hat, so zieht man aus dem Punkt *t* eine Waagerechte bis zum Schnitt mit der Liquiduslinie. Das Lot aus diesem Schnittpunkt zeigt auf der Konzentrationsgeraden die Zusammensetzung der Restschmelze bei der Temperatur *t* an. Zeichnet man weitere waagerechte Linien und

Lote bei tieferen Temperaturen, so kann man leicht feststellen, daß die Zusammensetzung der *Restschmelze* durch die Bildung weiterer primärer *A*-Kristalle der Konzentration *K2* immer näher rückt. Wenn die sinkende Temperatur die Soliduslinie erreicht, hat die Restschmelze diese Konzentration und erstarrt mit einem Haltepunkt unter gleichzeitiger Bildung beider Kristallarten zu einem feinkörnigen Kristallgemisch, das die großen, zuerst ausgeschiedenen, nur aus *A*-Atomen bestehenden Primärkristalle einschließt. Ist *A* ein weicher und *B* ein harter Stoff, so wird mit wachsendem Gehalt an *B* die Legierung härter *(Legierungsverfestigung)*.

Für die Legierung *3* gilt sinngemäß dasselbe, nur daß die Primärkristalle jetzt aus *B*-Atomen aufgebaut werden.

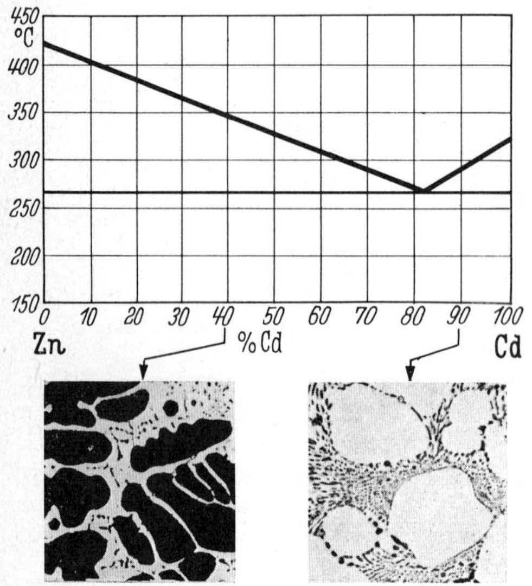

100:1 100:1
Bild 47. Zustandsschaubild der Zink-Kadmium-Legierungen.
Primäre Zn-Kristalle (dunkel) in Eutektikum aus Zn und Cd. Primäre Cd-Kristalle (hell) in Eutektikum aus Cd und Zn.

Die Legierung *2* erstarrt, wie ein reines Metall, bei konstanter Temperatur zu einem feinkörnigen, gleichmäßigen Gemisch aus *A*- und *B*-Kristallen, das *Eutektikum* genannt wird[1]. Diese Bezeichnung taucht im Zusammenhang mit *eutektischen Legierungssystemen* in vielen verschiedenen Abwandlungen auf. Man spricht von einer *eutektischen Legierung* und einem *eutektischen Zustandsschaubild.* Das Gefüge, in das die Primärkristalle eingebettet sind, hat durch die vorausgegangene Ausscheidung dieser Kristalle die *eutektische Konzentration* und *heißt eutektische Grundmasse.* Der Punkt, in dem sich die beiden Liquidusäste auf der Soliduslinie treffen, ist der *eutektische Punkt.* Legierungen links vom eutektischen Punkt sind *untereutektisch*, rechts davon *übereutektisch.*

[1] Griechisch eutektin = gut Schmelzendes.

Als praktisches (reales) *Beispiel* zeigt Bild 47 das Zustandsschaubild *(Realdiagramm)* der Zink(Zn)-Kadmium(Cd)-Legierungen mit je einem Gefügebild des untereutektischen und des übereutektischen Zustandes.

In Realdiagrammen werden auf der Konzentrationsgeraden gewöhnlich nur die prozentualen Anteile des zweiten Legierungsbestandteiles aufgetragen. Die entsprechenden Anteile des ersten Legierungselementes ergeben sich als Ergänzung der Prozentzahlen zu 100.

Der praktische Gießereibetrieb läßt den Atomen meist nicht genügend Zeit, das Gefüge entsprechend den unter Laborbedingungen aufgenommenen Zustandsschaubildern aufzubauen. Beim Erstarren technischer Legierungen kommt es deshalb häufig zu *Kristallisationsbehinderungen*, durch die Gefügeformen auftreten können, die erheblich von denen abweichen, die sich theoretisch nach dem Zustandsschaubild bilden sollten. Hierzu gehört auch die *doppelte Primärkristallbildung*, wie sie häufig bei Aluminium-Silizium-Legierungen beobachtet wird, die in der Nähe des eutektischen Punktes liegen. Dies soll an dem vereinfachten Ausschnitt aus dem Zustandsschaubild der Aluminium(Al)-Silizium(Si)-Legierungen in Bild 48 erläutert werden.

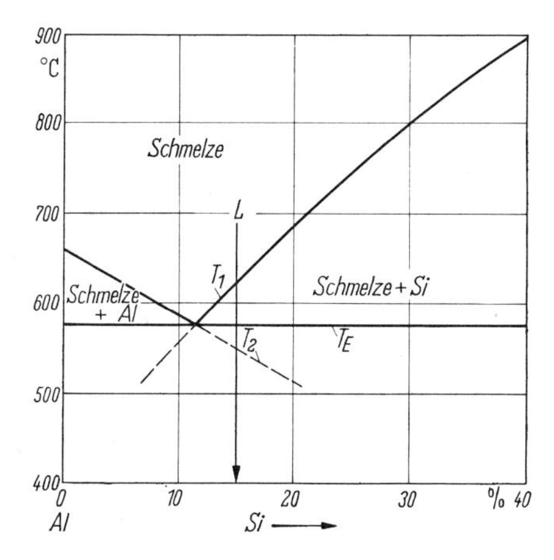

Bild 48. Doppelte Primärkristallbildung durch Unterkühlung. Dargestellt an einem vereinfachten Ausschnitt aus dem Zustandsschaubild der Aluminium-Silizium-Legierungen.

Aus einer Legierung der Zusammensetzung L sollten sich, wenn die Erstarrung nach dem Zustandsschaubild erfolgt, bei der Liquidtemperatur T_1 primäre Siliziumkristalle ausscheiden. Tritt diese Ausscheidung infolge Kristallisationsbehinderung, z. B. durch Gießen in eine kalte Kokille, nicht ein, so kann die Schmelze bis T_2 (instabile Verlängerung der Liquiduslinie) unterkühlen. Hier scheiden sich dann primäre Aluminiumkristalle aus. Durch die von den Aluminiumkristallen ausgehende Impfwirkung wird die Unterkühlung aufgehoben, und es scheiden sich nunmehr unter Temperaturanstieg, der bis zu der eutektischen Temperatur T_E gehen kann, Siliziumkristalle aus der Schmelze aus. Wenn die Restschmelze die eutektische Zusammensetzung erreicht, zerfällt sie in ein Eutektikum aus kleinen Aluminium- und Siliziumkristallen. Nach der Erstarrung besteht das Gefüge dann aus einem Aluminium-Silizium-Eutektikum, in das sowohl primäre Aluminium- als auch primäre Siliziumkristalle eingelagert sind, wie in Bild 53 (S. 37) zu sehen ist.

2.4 Intermetallische Verbindungen

Von außerordentlicher Bedeutung für die gesamte technische Entwicklung ist die Tatsache, daß sich Eisen (Fe) und Kohlenstoff (C) miteinander legieren lassen. Der Kohlenstoff kann dabei sowohl rein im Gefüge auftreten, als auch mit Eisen verbunden als Eisenkarbid (chemische Formel Fe_3C). Die Neigung des Kohlenstoffs, in der einen oder anderen Form aufzutreten, kann durch die Abkühlgeschwindigkeit sowie durch weitere Legierungselemente wie Silizium und Mangan beeinflußt werden.

Das Eisenkarbid gehört zu den bei Legierungen sehr häufig auftretenden *intermetallischen Verbindungen*[1], mit eigenen Raumgittern, die von den Gittern der ursprünglichen Legierungsbestandteile abweichen und häufig sehr verwickelte Formen haben. Aus diesem Grunde sind viele intermetallische Verbindungen hart und spröde. Intermetallische Verbindungen können direkt beim Übergang vom flüssigen in den festen Zustand oder auch durch Umsetzungen im festen Zustand entstehen.

Intermetallische Verbindungen müssen nicht unbedingt der für reine chemische Verbindungen geltenen Gesetzmäßigkeit folgen, nach der die Atomarten einer Verbindung immer in einem bestimmten, ganzzahligen Verhältnis zueinander stehen.

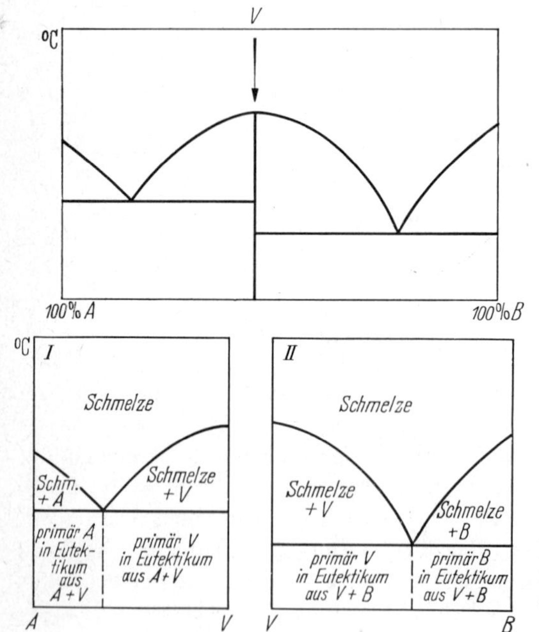

Bild 49. Zustandsschaubild mit intermetallischer Verbindung (*V* Verbindung).

[1] Intermetallische Verbindung bedeutet eigentlich Verbindung zwischen Metallen. Nichtmetalle, wie Kohlenstoff, Sauerstoff, Phosphor, Schwefel vermögen aber mit Metallen Verbindungen mit echten metallischen Eigenschaften zu bilden; deshalb läßt man die Bezeichnung auch für diese Verbindungen gelten.

Wie sieht nun das Zustandsschaubild einer Zweistofflegierung aus, wenn die beiden Legierungsbestandteile miteinander eine intermetallische Verbindung bilden? Die beiden Stoffe sollen wieder, wie im letzten Beispiel, vollkommen ineinander löslich im flüssigen Zustand und vollkommen unlöslich im festen Zustand sein. Außerdem wollen wir zuerst den einfachen Fall annehmen, daß die intermetallische Verbindung beim Erhitzen bis zum Schmelzpunkt beständig ist (ohne Zersetzung schmilzt).

Ein *Beispiel* zeigt Bild 49: Stoff *A* und Stoff *B* bilden eine intermetallische Verbindung *V* mit 55% *A* und 45% *B*. Die intermetallische Verbindung teilt das Zustandsschaubild in zwei Teile, von denen jeder ein selbständiges, einfaches eutektisches

400:1
Bild 50. Zink-Magnesium Eutektikum.

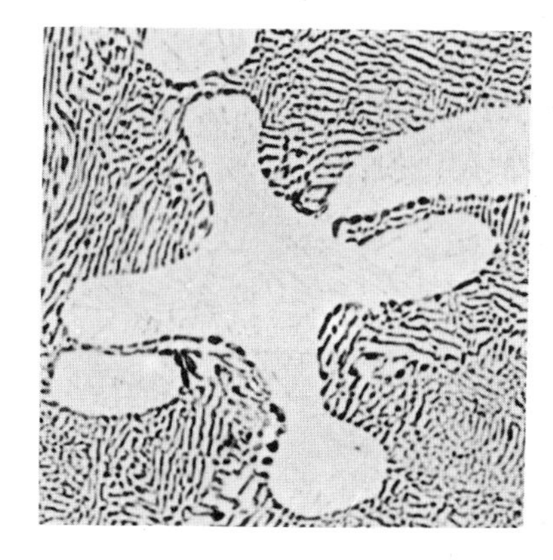

500:1
Bild 51. Silber-Kupfer, Silber primär.

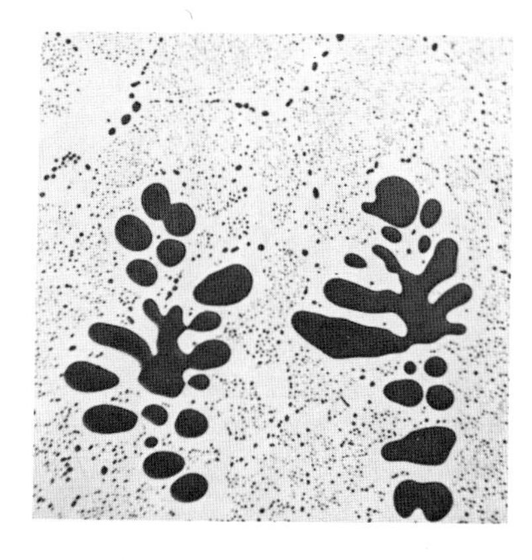

400:1
Bild 52. Kupfer-Kupfer-I-oxid, Kupfer-I-oxid primär.

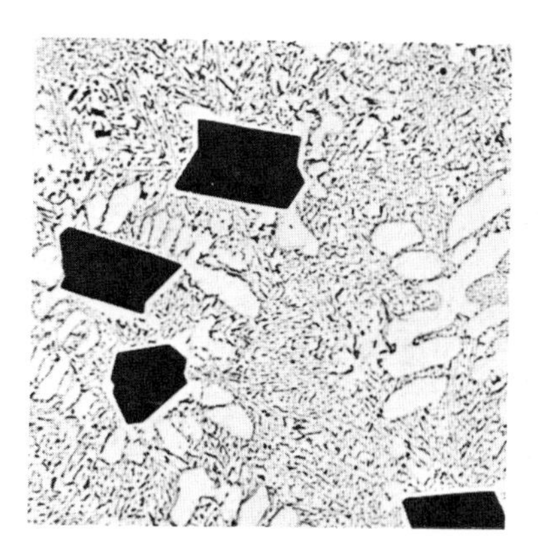

200:1
Bild 53. Aluminium-Silizium, Aluminium (hell) und Silizium (dunkel) primär. Doppelte Primärkristallbildung durch Unterkühlung.

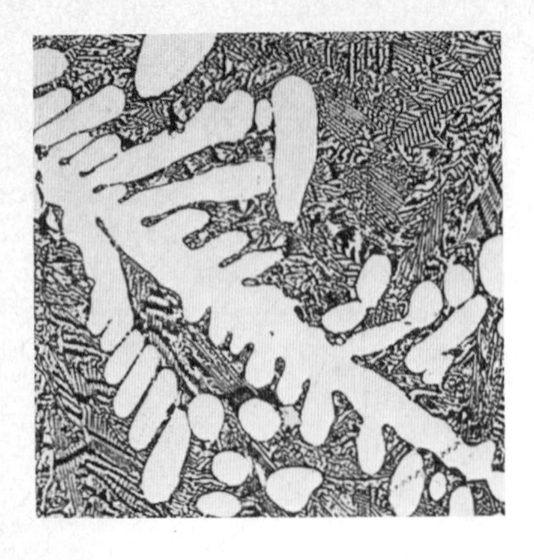

200:1

Bild 54. Aluminium-Germanium, Aluminium primär.

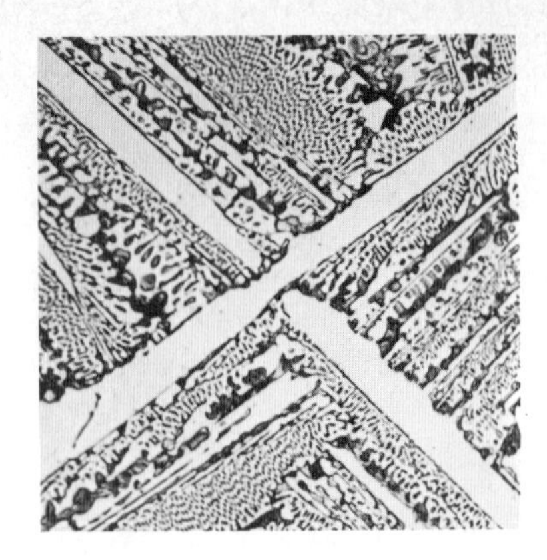

200:1

Bild 55. Eisen-Eisenkarbid, Eisenkarbid primär.

Bilder 50–55. Primärkristalle und Eutektika (zusammengestellt von E. Coermann).

Diagramm darstellt. Diagramm *I* gilt für alle Legierungen zwischen Stoff *A* und der intermetallischen Verbindung *V*, Diagramm II für alle Legierungen zwischen der intermetallischen Verbindung *V* und Stoff *B*.

Primärkristalle und Eutektika können manchmal schöne oder auch recht eigenartige Formen annehmen. Die Bilder 50 bis 55 zeigen, wie abwechslungsreich die Natur mit Atomen zu bauen versteht.

Eine intermetallische Verbindung, die beim Verarbeiten von Kupfer Schwierigkeiten bereiten kann, ist das Kupfer-I-oxid (Cu_2O). Flüssiges Kupfer kann Sauerstoff aus der Luft aufnehmen und sich mit ihm legieren. Bild 56 zeigt das Teildiagramm zwischen der dabei auftretenden intermetallischen Verbindung und Kupfer. Im untereutektischen Zustand umhüllt das feinkörnige Cu-Cu_2O-Eutektikum die primären Kupferkristalle. Im übereutektischen Bereich sind primäre Cu_2O-Kristalle dendritisch in das Eutektikum eingebettet (Bild 52).

In der Praxis kommt bei den allgemein zwischen 0,02 und 0,05% liegenden Sauerstoffgehalten des nicht desoxydierten Hüttenkupfers nur der untereutektische Zustand vor. Da das durch den Cu_2O-Anteil harte eutektische Schalenwerk die zähen Kupferkörner voneinander trennt, ist das Gußstück spröde.

Beim Weiterverarbeiten der Gußblöcke wird das harte Schalenwerk in Verformungsrichtung orientiert zertrümmert. Aus den verformten Kupferkristallen bilden sich bei der Warmverformung oder auch beim Glühen nach Kaltverformung durch Rekristallisation neue Körner, deren Korngrenzen jetzt frei von Cu_2O-Teilchen sind. Das Kupfer wird dadurch zäher.

Wenn Wasserstoff, den die meisten technischen Flammen enthalten, mit hocherhitztem Kupfer in Berührung kommt, werden seine Moleküle an der heißen Metalloberfläche aufgespalten und atomarer Wasserstoff dringt in das Kupfer ein. Die sehr kleinen Wasserstoffatome können schnell im Kupfer diffundieren. In sauerstoffhaltigem Kupfer treffen sie dabei auf die Cu_2O-Teilchen, die sie unter Bildung von

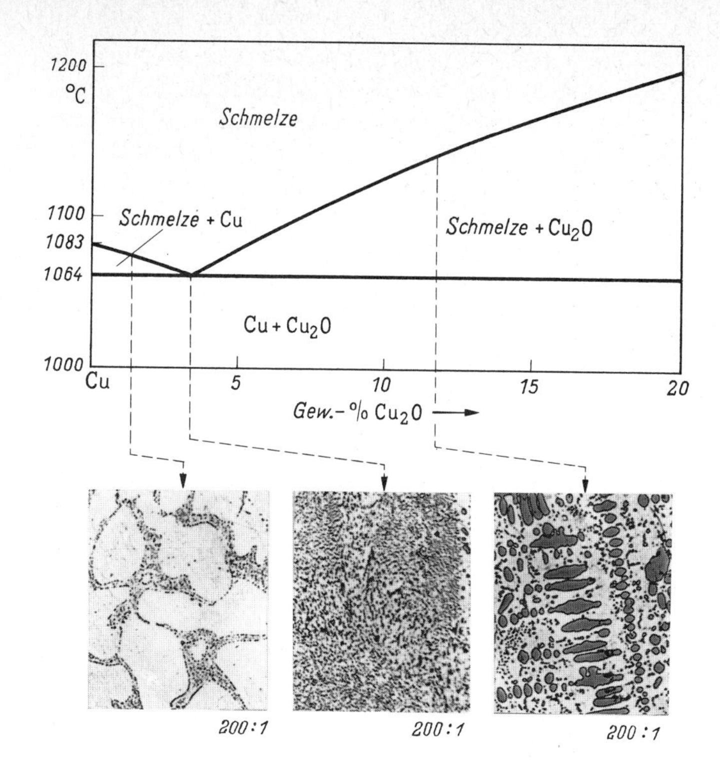

Bild 56. Teildiagramm Kupfer-Kupfer-I-oxid des Zustandsschaubildes Kupfer-Sauerstoff.

Wasserdampf zu metallischem Kupfer reduzieren. Der durch die Hitze unter hohem Druck stehende Wasserdampf setzt sich an den Korngrenzen fest und treibt die Kupferkristalle auseinander.

Um diese *Wasserstoffkrankheit des Kupfers* zu vermeiden, wird für Halbzeug, wie Stangen, Bleche, Bänder und Rohre, mit Phosphor desoxydiertes, sauerstofffreies Kupfer verwendet. Für Zwecke der Elektrotechnik sind phosphordesoxydierte Sorten nicht geeignet, weil der Restgehalt an Phosphor die elektrische Leitfähigkeit stark herabsetzt. Hier wird deshalb meist sauerstoffhaltiges Kupfer benutzt oder, wenn angewärmt, geschweißt oder gelötet werden muß, in sauerstofffreier Atmosphäre erschmolzenes oder mit Lithium oder Bor desoxydiertes Kupfer.

2.5 Peritektische Reaktionen

Zustandsschaubilder von Legierungen, bei denen intermetallische Verbindungen auftreten, werden etwas schwieriger, wenn die Verbindungen nicht bis zum Schmelzpunkt beständig sind, sondern vorher zerfallen (sich zersetzen). Diese Zersetzung ist wieder mit einer Wärmetönung verbunden, die Temperatur bleibt trotz weiterer Wärmezufuhr kurze Zeit konstant, ein Haltepunkt entsteht. Bei dieser Temperatur spaltet sich die intermetallische Verbindung in einen neuen Stoff und Schmelze auf. Umsetzungen, bei denen beim Erhitzen eine Kristallart in eine andere Kristallart und Schmelze zerfällt, bzw. beim Abkühlen bereits ausgeschiedene Kristalle sich mit der Schmelze zu einer neuen Kristallart umsetzen, nennt man *peritektische Reaktionen.*

Auch hier wollen wir wieder den Fall annehmen, daß völlige gegenseitige Löslichkeit im flüssigen und völlige Unlöslichkeit im festen Zustand herrscht. Neben der Eutektikalen tritt jetzt eine neue waagerechte Linie auf, die *peritektische Horizontale* oder kurz *Peritektikale* und zwar bei der Temperatur, bei der sich die intermetallische Verbindung *V* zersezt. Oberhalb dieser Linie existieren nur *B*-Kristalle und Schmelze (Bild 57).

Wenn wir nun den linken Teil des Diagramms zwischen dem reinen Stoff *A* und der intermetallischen Verbindung *V* betrachten und uns die schraffierten Teile über der Peritektikalen und rechts von der intermetallischen Verbindung wegdenken, haben wir ein einfaches eutektisches Zustandsschaubild sämtlicher Legierungen des Stoffes *A* mit der intermetallischen Verbindung *V* vor uns. Wir brauchen also nur noch den Teil des Diagramms näher zu untersuchen, der durch die peritektische Reaktion verändert wird (Bild 57 rechts, schraffiert).

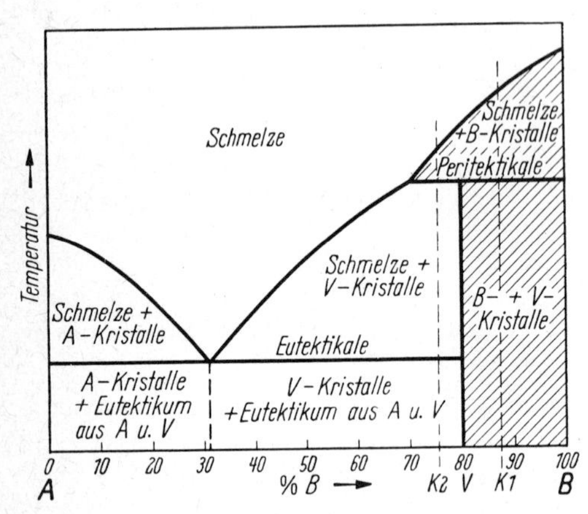

Bild 57. Beispiel eines Zustandsschaubildes mit peritektischer Reaktion.

Beobachten wir zunächst die intermetallische Verbindung beim Erhitzen. Wenn die Temperatur die Peritektikale erreicht hat, beginnt die Verbindung zu schmelzen und sich gleichzeitig zu zersetzen. Es entstehen bei konstant bleibender Temperatur *B*-Kristalle und Schmelze. Nach Ablauf der peritektischen Reaktion steigt — regelmäßige Wärmezufuhr vorausgesetzt — die Temperatur wieder, und die *B*-Kristalle lösen sich allmählich auf, bis schließlich beim Überschreiten der Liquiduslinie alles flüssig ist. Wenn diese Legierung wieder abkühlt, scheiden sich zunächst reine *B*-Kristalle aus der Schmelze aus. Bei der Temperatur der Peritektikalen reagieren die zuerst ausgeschiedenen *B*-Kristalle mit der restlichen Schmelze und bilden unter Wärmeabgabe (Haltepunkt) die intermetallische Verbindung. Da die Anzahl der Atome in den *B*-Kristallen bei dieser Konzentration gerade dem Bedarf der intermetallischen Verbindung entspricht, werden sie bei der peritektischen Reaktion vollkommen aufgezehrt.

Kühlt man nun eine Schmelze der Konzentration *K1* ab, dann haben sich beim Absinken der Temperatur auf die Höhe der Peritektikalen mehr *B*-Kristalle gebildet, als für die intermetallische Verbindung benötigt werden. Die überschüssigen *B*-Kristalle beteiligen sich nicht an der peritektischen Reaktion und bleiben unverändert erhalten. Unterhalb der Peritektikalen besteht das Gefüge deshalb aus primär ausgeschiedenen *B*-Kristallen, die in die intermetallische Verbindung, hier *Peritektikum* genannt, eingebettet sind.

Sinngemäß ergibt sich für eine Legierung der Konzentration *K2*, daß hier nicht genug *B*-Kristalle ausgeschieden werden, um bei der peritektischen Reaktion die Restschmelze vollkommen aufzuzehren. Es ist also mehr Schmelze da, als zur Bildung der intermetallischen Verbindung benötigt wird. Das bedeutet, daß hier neben der intermetallischen Verbindung noch Schmelze unterhalb der Peritektikalen besteht. Wir sind wieder im einfachen eutektischen System angelangt. Bei weiterer Abkühlung scheidet sich die Verbindung ohne vorhergehende peritektische Reaktion direkt aus der Schmelze aus. Diese Kristalle werden in der Regel den bequemsten Weg wählen und sich an die durch die peritektische Reaktion entstandenen Kristalle der intermetallischen Verbindung anlagern. Alles weitere verläuft wie in Bild 57 dargestellt.

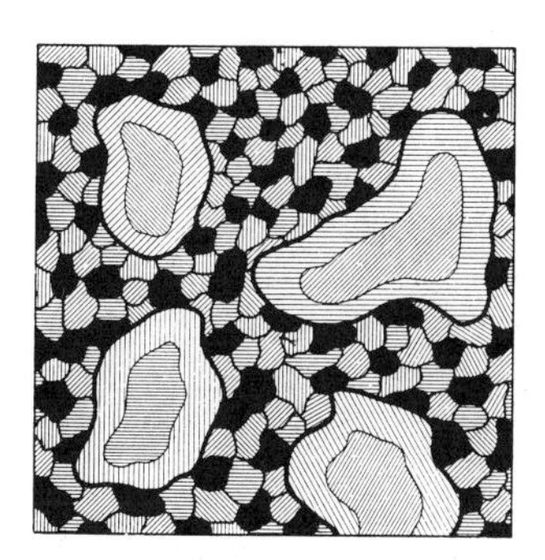

Bild 58. Ideales Gefüge nach „sehr langsamer" Abkühlung. Kristalle durch peritektische Reaktion entstandener intermetallischer Verbindung umhüllt von unmittelbar aus der Schmelze ausgeschiedener intermetallischer Verbindung, in einem Eutektikum aus *A*-Kristallen und intermetallischer Verbindung.

Bild 59. Wirkliches Gefüge nach gewöhnlicher Abkühlung. Reste reiner *B*-Kristalle, umhüllt von peritektisch entstandener und unmittelbar aus der Schmelze ausgeschiedener intermetallischer Verbindung, in einem Eutektikum aus *A*-Kristallen und intermetallischer Verbindung.

Bilder 58 und 59. Gefüge einer Legierung der Konzentration *K2* (Bild 57).

In der Praxis laufen bei der Abkühlung die peritektischen Reaktionen nicht so unbehindert ab, wie eben theoretisch geschildert. Es ist verständlich, daß die Primärkristalle zuerst mit dem Teil der Schmelze reagieren, der sie umhüllt. Dadurch entsteht um die Primärkristalle des reinen Stoffes zuerst ein Mantel der neugebildeten Verbindung, der die weitere Reaktion zwischen Primärkristallen und Schmelze behindert. Bei einer Legierung der Konzentration *K 2* wird in der Praxis nicht immer das ideale Gefüge des Bildes 58 entstehen, bei dem Umhüllungskristalle der intermetallischen Verbindung in einem aus *A*-Kristallen und intermetallischer Verbindung bestehenden Eutektikum eingebettet sind, sondern *Umhüllungsstrukturen*, bei denen die peritektisch gebildeten und die aus der Schmelze ausgeschiedenen Kristalle der intermetallischen Verbindung Kerne aus reinen *B*-Kristallen umhüllen (Bild 59). Da die Umhüllungsstrukturen für Systeme mit peritektischer Reaktion kennzeichnend sind, wurde ihre Bezeichnung von dem griechischen Wort Peritektikum (das Herumgebaute) abgeleitet.

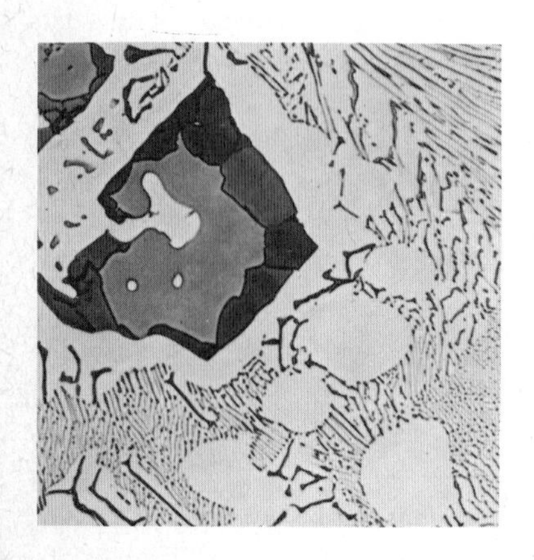

200:1
Bild 60. Umhüllungsstruktur im Gefüge einer Uran-Aluminium-Legierung mit 36 Gew.-% Uran.

Als praktisches *Beispiel* zeigt Bild 60 eine Umhüllungsstruktur im Gefüge einer Uran Aluminium-Legierung mit 36 Gew.-% Uran. Hier wurde zunächst eine intermetallische Verbindung UAl_3 (hellgrau) ausgeschieden, die peritektisch unter Umhüllung zu UAl_4 (dunkelgrau) reagierte. Die Restschmelze erstarrte dann als Eutektikum aus Al und UAl_4. Durch Unterkühlung wurde hier vor der endgültigen Erstarrung noch primäre Aluminiumkristalle ausgeschieden, die als helle, abgerundete Kristalle im Gefüge zu erkennen sind.

Bei sehr langsamer Abkühlung wird bei solchen Legierungen das Bestreben der Natur, Konzentrationsunterschiede auszugleichen, wirksam. Die Atome, die bereits Kristalle gebildet haben, sind bei hohen Temperaturen noch so beweglich, daß sie ihre Plätze mit Nachbaratomen tauschen können. So beginnt eine allgemeine Wanderung, der um einen Konzentrationsausgleich bemühten Atome im Raumgitter *(Diffusion)*. Nach der endgültigen Erstarrung werden mit sinkender Temperatur die Atome immer träger und der Konzentrationsausgleich durch Diffusion hört allmählich auf.

Je länger wir also die Legierung auf hoher Temperatur halten, um so vollkommener wird die Diffusion ablaufen. In der Praxis begnügt man sich mit einer teilweisen Diffusion, da es unwirtschaftlich wäre, die Schmelze und anschließend das Gußstück bis zu einem weitgehenden Konzentrationsausgleich auf hoher Temperatur zu halten. Abgesehen von den hohen Kosten würde bei zu langem Halten des Gußstückes auf hohen Temperaturen durch Kornwachstum unerwünschtes Grobkorn entstehen.

2.6 Legierungen mit Mischkristallbildung

Bei dieser Legierungsform bauen die Atome beider Legierungsbestandteile das Gitter gemeinsam auf. Große Atome (z. B. Nickel) ersetzen hierbei Atome des Grundmetalles an ihren Gitterplätzen, während kleine Atome (z. B. Kohlenstoff) sich in Zwischenräume zwängen. Die so entstehenden Kristalle nennt man *Mischkristalle.* Je nachdem, ob die Mischkristalle durch Austausch oder Einlagerung entstanden sind, unterscheidet man zwischen *Austauschmischkristallen* und *Einlagerungsmischkristallen.*

Die Fremdatome verzerren das Gitter des Grundmetalles mehr oder weniger. Dadurch wird die Legierung härter und fester als das Grundmetall.

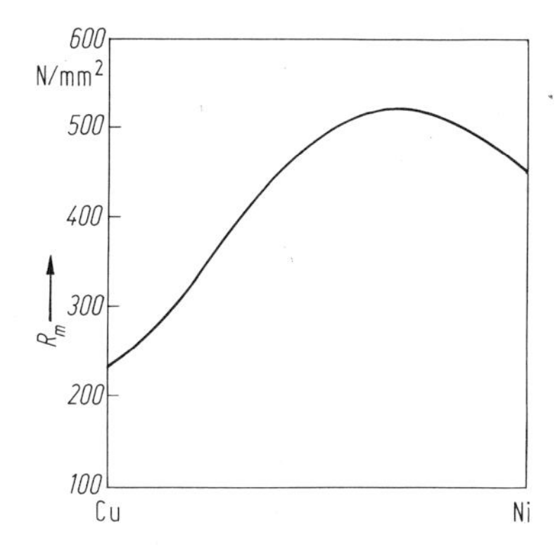

Bild 61. Zugfestigkeiten geglühter Kupfer-Nickel-Legierungen.[1]

Als Beispiel zeigt die Kurve in Bild 61 die Abhängigkeit der Zugfestigkeiten (R_m) geglühter Kupfer-Nickel-Legierungen von der Konzentration. Der Kurvenverlauf läßt erkennen, daß nicht nur die Festigkeit des weicheren Kupfers beim Legieren zunimmt, sondern Gleitbehinderung durch Gitterstörungen auch die Festigkeit des härteren Nickels zuerst noch steigert.

Besonders stark stören eingelagerte Fremdatome das Gitter. Ein Grundmetall kann deshalb nur wenig Fremdatome im Gitter einlagern (geringes Lösungsvermögen),

[1] In Anlehnung an eine Darstellung von H. Schumann gezeichnet.

während die Möglichkeiten, durch Austausch von Atomen Mischkristalle zu bilden, bei günstigen Gitterverhältnissen unbegrenzt sind (großes Lösungsvermögen).

Alle Kristalle einer Legierung mit Mischkristallbildung sind also aus Atomen beider Stoffe aufgebaut. Wie aus der schematischen Darstellung Bild 62 hervorgeht, ist in beiden Fällen im Mikroskop, wie bei reinen Metallen, nur ein einheitliches, aus *einer* Kristallart bestehendes Gefüge sichtbar. Die Unterschiede im Gitteraufbau können wir im Mikroskop nicht erkennen.

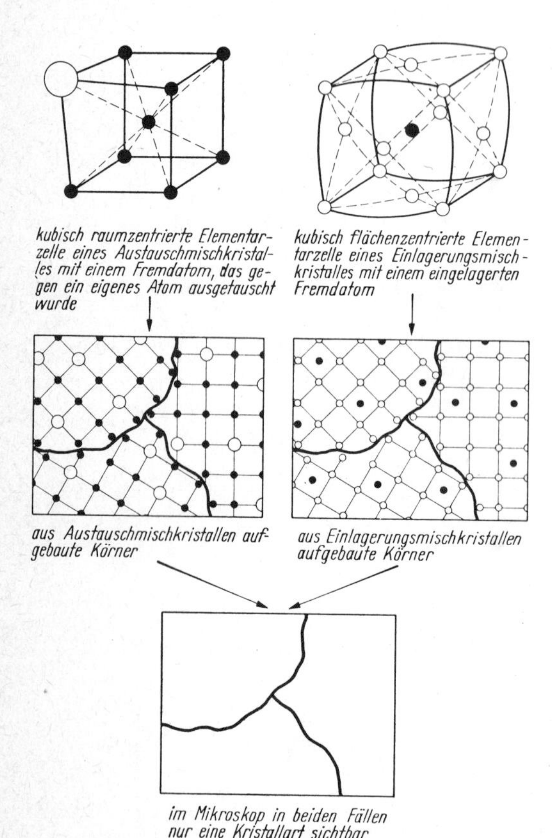

Bild 62. Schematische Darstellung des Aufbaues von Austausch- und Einlagerungsmischkristallen.

Wie sehen nun Abkühlungskurven und Diagramm einer solchen Legierung aus? Die Abkühlungskurve (Bild 63) hat keine Haltepunkte, sondern zwei Knickpunkte, zwischen denen ein *Bereich verzögerter Abkühlung* liegt, der sich durch einen etwas weniger steilen Abfall bemerkbar macht, bedingt durch die bei der Bildung der Mischkristalle freiwerdende Wärmeenergie. Beim oberen Knickpunkt bilden sich die ersten Mischkristalle, die Erstarrung beginnt. Beim unteren Knickpunkt ist die Erstarrung beendet. Die Verbindungslinien aller oberen und aller unteren Knickpunkte der Abkühlungskurven für verschiedene Konzentrationen ergeben ein Schaubild, welches das Aussehen einer Zigarre hat (Bild 64).

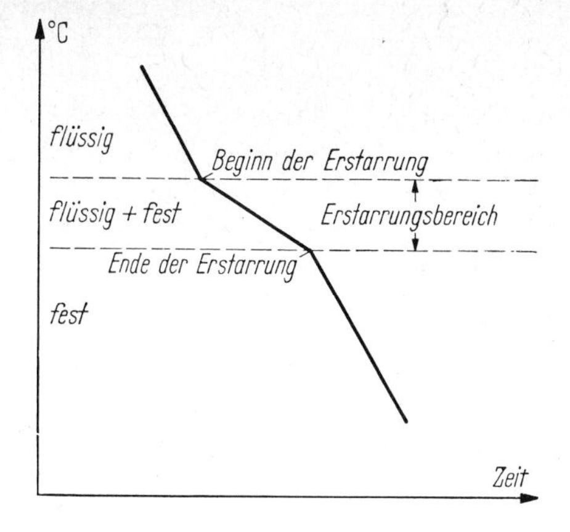

Bild 63. Abkühlungskurve einer Legierung mit vollkommener Mischbarkeit im festen Zustand.

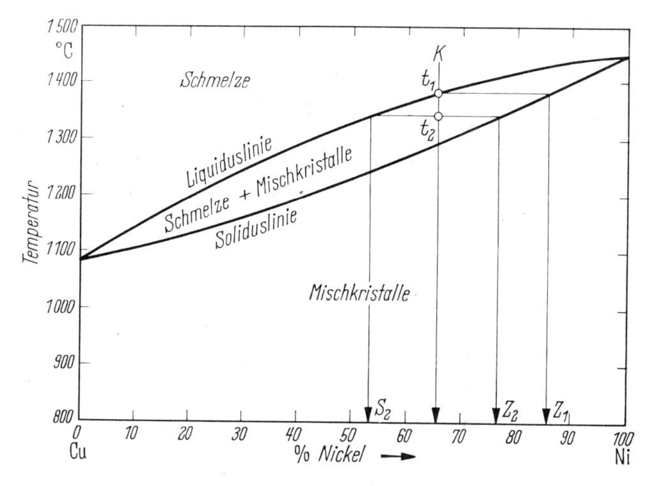

Bild 64. Zustandsschaubild der Kupfer-Nickel-Legierungen.

Als *Beispiel* wollen wir das Zustandsschaubild der Kupfer(Cu)-Nickel(Ni)-Legierungen (Bild 64) betrachten. Kupfer und Nickel bilden miteinander Austauschmischkristalle. Da beide Metalle aus kubisch flächenzentrierten Würfeln aufgebaut sind, und nahezu gleiche Gitterkonstanten haben (Cu = 0,36 nm, Ni = 0,35 nm), bilden sie besonders leicht Mischkristalle. Mit steigendem Nickelgehalt werden immer mehr Kupferatome durch Nickelatome ersetzt, bis schließlich nur noch Nickelatome die Gitter aufbauen, wenn wir beim reinen Nickel angelangt sind. Die beiden Metalle bilden eine *ununterbrochene Mischkristallreihe*.

Die Deutung des Diagramms ist einfach. Über dem oberen Kurvenzug, der Liquiduslinie, ist alles flüssig. Unterhalb der unteren Kurve, der Soliduslinie, ist alles fest. Wir brauchen nur ein Erstarrungsbeispiel zu besprechen (Konzentration *K*). Alle anderen Legierungen erstarren nach dem gleichen Schema.

Wenn die Temperatur der Schmelze bei t_1 auf die Liquiduslinie herabgesunken ist, beginnen sich aus Kupfer- und Nickelatomen aufgebaute Austauschmischkristalle zu bilden. Die ersten Mischkristalle enthalten wesentlich mehr Atome des höher schmelzenden Metalls, sind also nickelreicher als eine Legierung der Konzentration K entspricht. Zieht man durch den Punkt t_1 eine Waagerechte bis zum Schnitt mit der Soliduslinie, so zeigt das Lot aus diesem Schnittpunkt auf der Konzentrationsgeraden bei Z_1 die Zusammensetzung der ersten Mischkristalle an. Prüfen wir in der gleichen Weise nach einiger Zeit die Zusammensetzung der bei der Temperatur t_2 ausgeschiedenen Mischkristalle, dann stellen wir fest, daß diese Kristalle etwas weniger Nickel enthalten (Z_2).

Da mehr Nickelatome beim Bau der Gitter verbraucht werden als der Konzentration K entspricht, wird die *Restschmelze* immer kupferreicher. Ihre Zusammensetzung bei einer bestimmten Temperatur kann ebenfalls auf der Konzentrationsgeraden abgelesen werden, z. B. S_2 bei der Temperatur t_2. Wir sehen also aus dem Diagramm, daß sich die Konzentration der ausgeschiedenen Mischkristalle mit sinkender Temperatur ständig ändert. Jedes Kriställchen, das an ein anderes kurz vorher gebildetes angebaut wird, hat eine andere Konzentration als sein Vorgänger. Alle diese Kristalle bleiben noch in Wechselbeziehung (Diffusion) mit der Schmelze und mit den Nachbarkristallen. Daher stellt sich bei *besonders langsamer* Abkühlung das der jeweiligen Temperatur entsprechende Gleichgewicht durch Diffusionsvorgänge innerhalb der Kristalle sowie zwischen Kristallen und Schmelze immer wieder neu ein. Nach endgültiger Erstarrung an der Soliduslinie haben dann alle Kristalle die der Konzentration K entsprechende Zusammensetzung.

In Kupfer-Nickel-Legierungen diffundieren die Atome nur träge. Nach gewöhnlicher Abkühlung ist unsere Legierung deshalb nicht aus gleichmäßigen Körnern sondern aus inhomogenen *Zonenmischkristallen* aufgebaut, deren nickelreicher Kern von ständig nickelärmer werdenden Schichten umgeben ist. Die Zonen werden beim

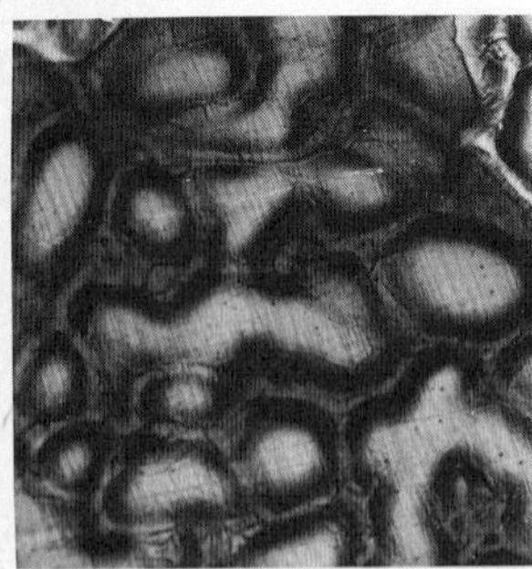

200:1

Bild 65. Kupfer-Nickel-Legierung mit 30% Nickel; Gußzustand, Zonenmischkristalle.

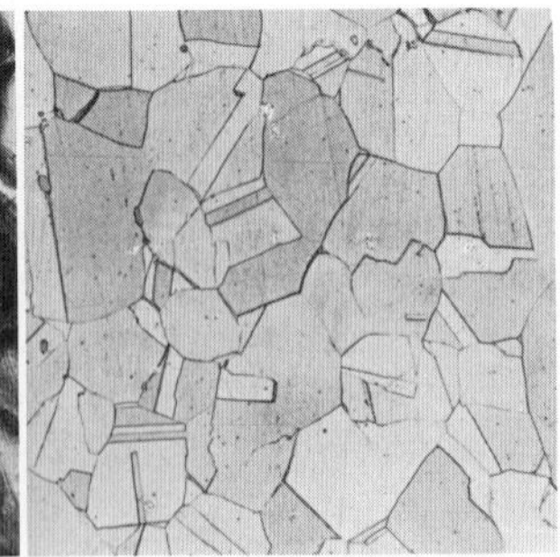

200:1

Bild 66. Dieselbe Legierung nach dem Gießen um 50% kalt verformt und 25 h bei 850 °C geglüht; homogene Mischkristalle.

Ätzen des Mikroschliffes verschieden stark angegriffen. Sie sind deshalb im Mikrobild zu erkennen (Bild 65).

Wenn eine mit solchen *Kristallseigerungen* erstarrte Legierung lange bei Temperaturen dicht unterhalb der Soliduslinie geglüht wird, können sich die Konzentrationsunterschiede durch Diffusion ausgleichen. Das beim langzeitigen Glühen entstehende grobe Korn ist jedoch wegen geringerer Zähigkeit und Festigkeit meist unerwünscht. Um günstigere Festigkeitseigenschaften zu erreichen, schafft man vor dem Glühen durch starke Kaltverformung zahlreiche Keime, die dann bei der Wärmebehandlung die Bildung eines feinkörnigen, homogenen Gefüges begünstigen. Bild 66 zeigt das homogenisierte Gefüge derselben Kupfer-Nickel-Legierung wie in Bild 65 nach Kaltverformen um 50% und anschließendem 25stündigem Glühen bei 850 °C.

2.7 Legierungen mit begrenzter Mischkristallbildung

Nicht immer liegen so günstige Bedingungen für die Mischkristallbildung vor, wie bei den beiden im Gitteraufbau so nahe verwandten Metallen Kupfer und Nickel. Zwei Metalle mit unterschiedlichen Elementarzellen, z. B. kubisch flächenzentrierten und hexagonalen, sind nicht in der Lage, eine ununterbrochene Mischkristallreihe aufzubauen. Wenn nur wenige Atome des hexagonale Zellen bildenden Metalls vorhanden sind, werden sie Gitterplätze in den kubisch flächenzentrierten Würfeln des Grundmetalles einnehmen und so Austauschmischkristalle bilden.

Werden der Legierung immer mehr Atome der hexagonalen Art zugeführt, so wird einmal der Augenblick eintreten, in dem stellenweise genügend solcher Atome zusammentreffen, um ihre eigenen, hexagonalen Gitter zu bauen, in die sich nun die ersten Atome der kubisch flächenzentrierten Art einfügen müssen. Es tritt also von dieser Konzentration ab im Gefüge des erstarrten Metalls ein zweiter Bestandteil auf, der auch im Mikroskop sichtbar ist.

Wird noch mehr hexagonal kristallisierendes Metall hinzulegiert, so werden sich auch die neuen Kristalle vermehren, bis nicht mehr genug Atome der kubisch flächenzentrieten Art da sind, um eigene Gitter zu bauen. Jetzt besteht das Gefüge nur noch aus Mischkristallen mit hexagonalem Gitter. Wir sehen wieder im Mikroskop nur eine Kristallart. Das Gebiet, in dem beide Kristallarten nebeneinander auftreten, nennt man die *Mischungslücke*.

Wir wollen nun das Diagramm einer Legierung mit begrenzter Mischkristallbildung betrachten (Bild 67). Ein einheitliches, nur aus einer Mischkristallart bestehendes Gefüge bildet sich hier nur bei Legierungen links von der Konzentration K_1 und rechts von der Konzentration K_2. Die Mischkristalle werden mit griechischen Buchstaben bezeichnet. Wir nennen deshalb die A-reichen Mischkristalle α-Mischkristalle und die B-reichen entsprechend β-Mischkristalle. Das zwischen K_1 und K_2 liegende Gebiet ist ein eutektisches System. Die Schmelzpunkte beider Legierungsbestandteile werden erniedrigt, und die Liquiduslinien treffen sich in einem eutektischen Punkt auf der Soliduslinie. Das Eutektikum besteht aus den beiden Mischkristallarten α und β. Links vom eutektischen Punkt scheiden sich primär α-Mischkristalle aus und rechts vom eutektischen Punkt primär β-Misch-

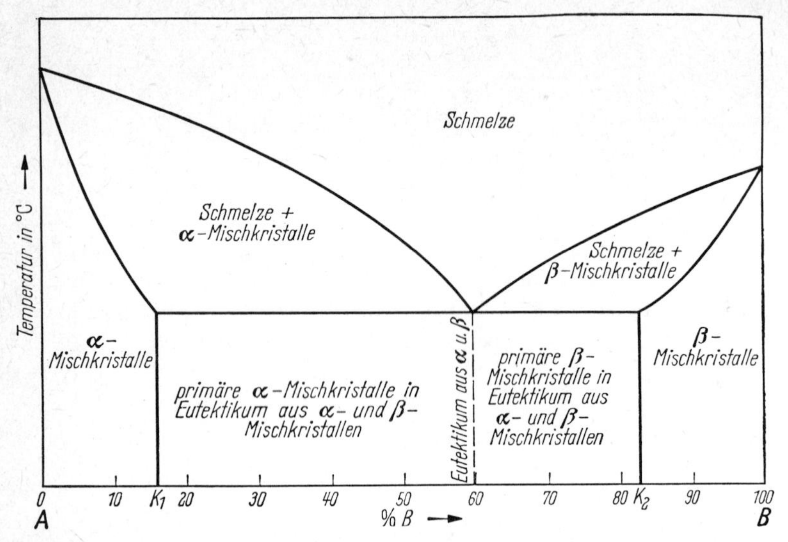

Bild 67. Zustandsschaubild mit Mischungslücke.

kristalle. Die Restschmelze erstarrt zu einem feinkörnigen Eutektikum aus α- und β-Mischkristallen, wenn die Temperatur auf die Höhe der Soliduslinie gesunken ist.

Die Linien, welche die Grenze des Lösungsvermögens der α-Mischkristalle für *B*-Atome (K_1) und der β-Mischkristalle für *A*-Atome (K_2) anzeigen, verlaufen in Realdiagrammen nicht genau senkrecht, wie bei dem vereinfachten Schaubild in Bild 67 dargestellt, sondern sind Kurven, die sich im allgemeinen mit sinkender Temperatur den reinen Metallen *A* und *B* nähern (Bild 68). Das Lösungsvermögen der α- und β-Mischkristalle läßt mit sinkender Temperatur nach. Einheitliche, nur aus einer Mischkristallart bestehende Gefüge entstehen nur noch bei Legierungen mit Konzentrationen, die zwischen dem reinen Metall *A* und K_1 und dem reinen Metall *B* und K_2 liegen.

Eine aus dem flüssigen Zustand abkühlende Legierung der Zusammensetzung *L* scheidet nach dem Überschreiten der Liquiduslinie *A*-reiche α-Mischkristalle aus. Die weitere Erstarrung der Schmelze verläuft genau so, wie wir es bereits bei der lückenlosen Mischkristallreihe kennengelernt haben. Mit sinkender Temperatur werden bis zur vollständigen Erstarrung (Soliduslinie) weitere Mischkristalle unterschiedlicher Zusammensetzung gebildet. Bei sehr langsamer Abkühlung gleichen sich die verschiedenen Konzentrationen durch Diffusion aus, während bei gewöhnlicher Abkühlung Zonenmischkristalle entstehen. Unterhalb der Soliduslinie besteht das Gefüge aus einer Kristallart (α-Mischkristalle). Dieser Gefügezustand bleibt einige Zeit erhalten, bis bei weiter sinkender Temperatur die Linie P_1K_1 unterschritten wird. Jetzt können die α-Mischkristalle, deren Lösungsvermögen immer geringer wird, nicht mehr alle *A*-Atome im Gitter halten und schieben sie an die Korngrenzen ab. Die ausgestoßenen *B*-Atome bauen sofort ihre eigenen Gitter auf, in die allerdings auch einige *A*-Atome aufgenommen werden. Im festen

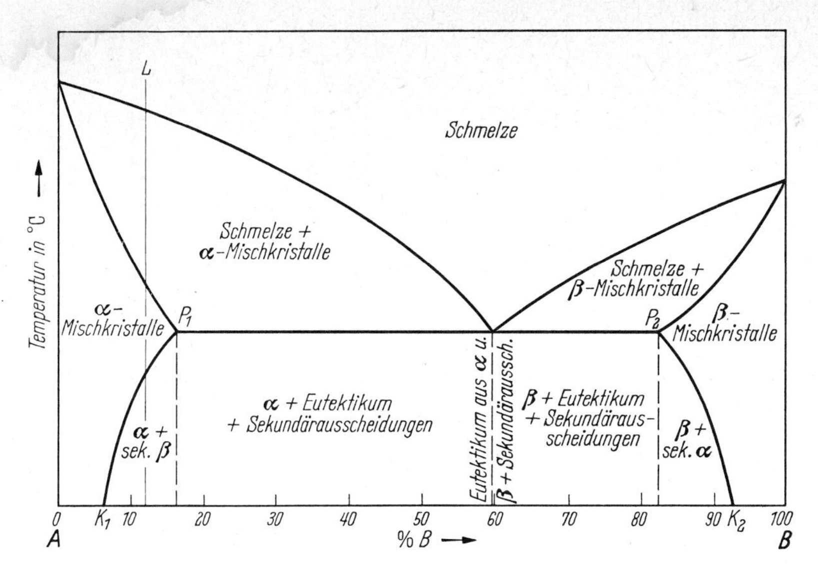

Bild 68. Zustandsschaubild mit Mischungslücke und Sekundärausscheidungen.

Zustand scheiden sich also bei langsamer Abkühlung an den Korngrenzen der α-Mischkristalle *B*-reiche β-Mischkristalle aus. Bei schneller Abkühlung erreichen die *B*-Atome häufig nicht mehr die Korngrenzen. Die ausgeschiedenen β-Mischkristalle umgeben dann nicht die α-Mischkristalle in Form eines Netzwerkes, sondern liegen feinverteilt in den α-Mischkristallen. Diese im festen Zustand ausgeschiedenen Mischkristalle werden, im Gegensatz zu den primär in der Schmelze gebildeten, sekundäre α- bzw. β-Mischkristalle genannt (lat. secundus = der zweite).

Legierungen, deren Konzentrationen zwischen den Punkten P_1 und P_2 (Bild 68) liegen, erstarren zuerst zu den im vereinfachten Diagramm (Bild 67) eingetragenen Gefügen. Sowohl bei den primär ausgeschiedenen Mischkristallen, als auch bei den Mischkristallen des Eutektikums wird hier jedoch das Lösungsvermögen mit weiter sinkender Temperatur geringer, in der gleichen Weise, wie für Legierung *L* beschrieben. Das bedeutet, daß auch in diesen Legierungen zwischen P_1 und P_2 unterhalb der Soliduslinie Sekundärausscheidungen auftreten.

Zustandsschaubilder in Büchern und Veröffentlichungen, in denen metallkundliche Kenntnisse vorausgesetzt werden, sind meist nicht so ausführlich beschriftet, wie das eben beschriebene Diagramm. Häufig werden nur die auftretenden Kristallarten eingetragen, wie z. B. α und β. Ob sie als Primärkristalle, in einem Eutektikum oder als Ausscheidungen auftreten, ergibt sich zwangsläufig aus der Form des Diagramms.

2.8 Aushärtbare Legierungen

Eine Anzahl von Legierungen mit begrenzter Mischkristallbildung läßt sich *aushärten*. Was *Aushärtung* ist, soll am Beispiel einer Aluminium-Kupfer-Legierung mit 4% Kupfer erläutert werden. Wie aus dem Teildiagramm Bild 69 ersicht-

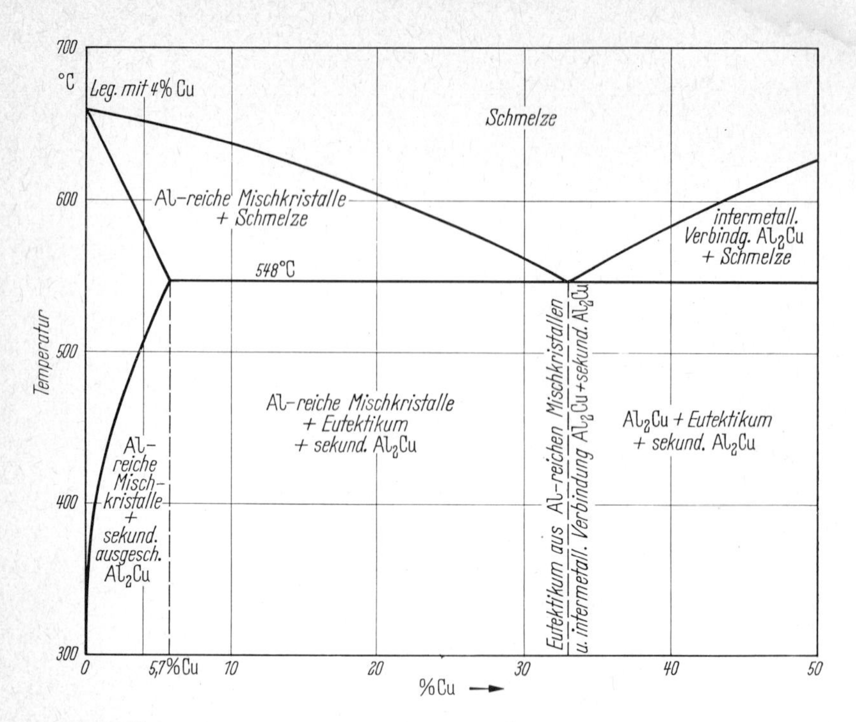

Bild 69. Teil des Aluminium-Kupfer-Schaubildes bis 50% Kupfer.

lich ist, kann Aluminium bei 548 °C bis zu 5,7% Kupferatome im Gitter aufnehmen. Glühen wir die Legierung mit 4% Kupfer einige Zeit bei dieser Temperatur, so wird alles Kupfer in Lösung gehen *(Lösungsglühen)*. Bei anschließender langsamer Abkühlung wird bei rund 500 °C der Punkt erreicht, bei dem die Mischkristalle gerade noch 4% Kupferatome halten können. Kühlt die Legierung weiter ab, müssen dem geringer werdenden Lösungsvermögen entsprechend, weitere Kupferatome ausgeschieden werden. Das Kupfer tritt jedoch nicht rein aus dem Gitter, sondern bildet mit Aluminium die harte intermetallische Verbindung Al_2Cu. Nach sehr langsamer Abkühlung sind diese Ausscheidungen so grob, daß sie im Schliff noch lichtmikroskopisch zu erkennen sind.

Die Kupferatome benötigen für Ausscheidung und Verbindungsbildung eine gewisse Zeit, die ihnen bei langsamer Abkühlung auch gegeben wird. Wenn man die Legierung jedoch nicht langsam abkühlen läßt, sondern nach dem Lösungsglühen schroff in Wasser abschreckt, werden die Kupferatome im Aluminiumgitter in *Zwangslösung* gehalten.

Wenn die abgeschreckte Legierung bei Raumtemperatur liegen bleibt *(Auslagerung)*, versuchen die Kupferatome die verhinderte Ausscheidung nachzuholen. Sie beginnen zu wandern. Da die Aluminiumatome bei Raumtemperatur enger zusammengerückt sind, ist das Wandern im Aluminiumgitter für die Kupferatome sehr mühsam. Sie können deshalb nur sehr kurze Wege zurücklegen. Die sich unter diesen

Bedingungen ausscheidenden Teilchen sind sehr fein, dafür aber umso zahlreicher und im Lichtmikroskop nicht mehr sichtbar. Aber gerade diese feinen Ausscheidungen behindern die Gleitvorgänge im Gitter besonders stark. Härte, Streckgrenze und Festigkeit der Legierung steigen hierdurch bei unverminderter Zähigkeit an. Für diese *Kaltaushärtung* bei Raumtemperatur werden viele Stunden bis einige Tage benötigt.

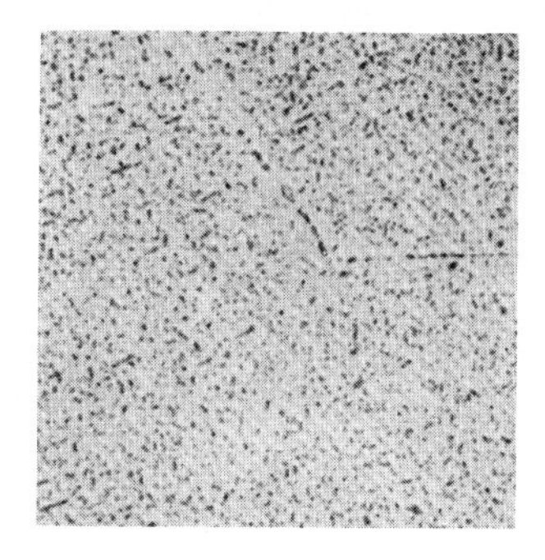

500:1

Bild 70. Zu warm ausgehärtete Aluminium-Kupfer-Legierung mit 4% Kupfer. Feine, lichtmikroskopisch sichtbare Al_2Cu-Ausscheidungen (nach Hanemann und Schrader).

Man kann den Kupferatomen durch etwas Wärme das Wandern erleichtern *(Warmaushärtung)*. Es kommt dann stellenweise schon zur Bildung von Al_2Cu. Die Temperatur darf jedoch nicht so hoch steigen (über 170 °C), daß die intermetallische Verbindung lichtmikroskopisch sichtbar wird, wie bei der in Bild 70 gezeigten *zu warm* ausgehärteten Legierung. Wenn sich Al_2Cu in dieser Form ausscheidet, lassen Härte und Festigkeit nach, weil die Gleitvorgänge im Gitter weniger behindert werden. Viele Legierungen dieser Art lassen sich nicht bei Raumtemperatur aushärten, sondern müssen immer erst durch Erwärmen etwas angeregt werden *(warmaushärtende Legierungen)*. Um optimale Eigenschaften zu erreichen, müssen die von den Lieferfirmen angegebenen Aushärtetemperaturen und -zeiten genau eingehalten werden.

Die Aluminium-Kupfer-Legierungen härten sehr langsam aus. Technisch verwendbar werden sie erst durch geringen Magnesiumzusatz, der die Aushärtegeschwindigkeit wesentlich erhöht.

Nach dem Lösungsglühen abgeschreckte warmaushärtende Legierungen bleiben im Mischkristallzustand, sie sind deshalb weich und lassen sich bearbeiten. Die fertigen Werkstücke kann man dann bei Temperaturen aushärten, von denen andere Eigenschaften des Materials nicht beeinflußt werden. Kaltaushärtende Legierungen müssen kurz nach dem Lösungsglühen und Abschrecken verarbeitet werden. Aus Lösungstemperatur abgeschreckte, kaltaushärtende Leichtmetall-Niete werden in Kühlschränken aufbewahrt. Durch die tiefen Temperaturen wird die Aushärtung stark verzögert. Man ist so in der Lage, einen größeren Vorrat gebrauchsfertiger Niete zu halten, die nach der Verarbeitung dann bei gewöhnlicher Temperatur in der fertigen Konstruktion aushärten.

Die Bedeutung der Ausscheidungshärtung für den Einsatz von Aluminiumlegierungen wird deutlich, wenn man berücksichtigt, daß mit ca. 400 N/mm^2 eine ausgehärtete AlCuMg-Legierung das 10fache der Zugfestigkeit von Reinstaluminium erreichen kann. In der Praxis werden allerdings wegen der Korrosionsanfälligkeit der kupferhaltigen Sorten häufig mit Reinaluminium plattierte kupferhaltige Legierungen oder auch kupferfreie Legierungen geringerer Festigkeit vorgezogen.

Die hier am Beispiel der Aluminium-Kupfer-Legierungen beschriebene Ausscheidungshärtung ist auch bei anderen Metallen von Bedeutung. So werden z. B. Kupferlegierungen mit Berylliumgehalten bis etwa 2% (Berylliumkupfer) für korrosionsbeständige Federsysteme und für unmagnetische und nicht funkende Werkzeuge benutzt.

2.9 Umwandlungen im festen Zustand

Viele Legierungen kommen noch nicht zur Ruhe, wenn sie fest geworden sind. Eine *Umwandlung im festen Zustand*, die dadurch hervorgerufen wird, daß sich das Lösungsvermögen von Metallen in Abhängigkeit von Temperatur und Konzentration ändert, haben wir bereits bei der Ausscheidungshärtung kennengelernt. Für eine andere Möglichkeit solcher Umwandlungen stellt Bild 71 einen Idealfall dar.

Die Schmelze erstarrt zunächst über den ganzen Legierungsbereich zu homogenen[1] Mischkristallen. Die Vorgänge, die sich beim weiteren Abkühlen der Mischkristalle unterhalb der Soliduslinie abspielen, ähneln den Erstarrungsvorgängen in einem einfachen eutektischen Diagramm (Bild 46). An die Stelle der Schmelze treten hier die Mischkristalle, aus denen sich bei der Abkühlung unter die

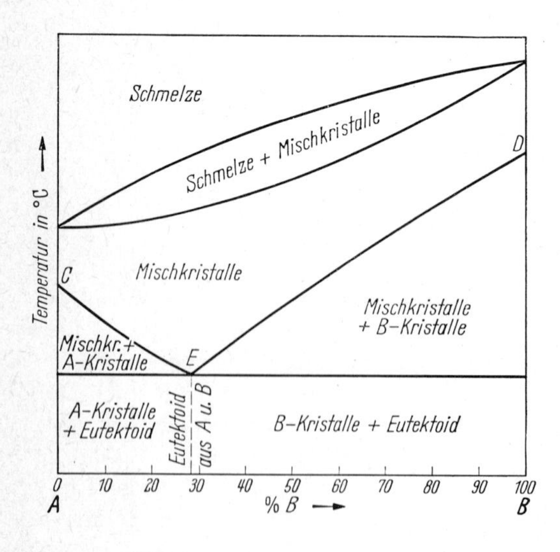

Bild 71. Umwandlungen im festen Zustand.

[1] Griechisch homo = gleich, homogen = gleichartig.

Linie *CED* je nach Konzentration Primärkristalle der Metalle *A* oder *B* ausscheiden. Die Konzentration der restlichen Mischkristalle gleicht sich dadurch immer mehr der Konzentration *E* an. Mischkristalle einer Legierung der Konzentration *E* zerfallen ohne vorhergehende Primärausscheidung zu einem dem Eutektikum ähnlichen, feinkörnigen Gemisch aus *A*- und *B*-Kristallen, das *Eutektoid* genannt wird *(eutektoidischer Zerfall)*. Ein Eutektoid entsteht bei Umwandlungen im festen Zustand, während das uns bereits bekannte Eutektikum bei der Erstarrung aus dem flüssigen Zustand gebildet wird. Das Eutektoid erscheint bei Legierungen links und rechts vom Punkte *E* neben den unterhalb *CE* und *ED* ausgeschiedenen primären *A*- bzw. *B*-Kristallen im Gefüge (*untereutektoidische* und *übereutektoidische* Legierungen).

2.10 Die Umwandlungen des Stahles im festen Zustand bei langsamer Abkühlung

Wir haben bereits gelernt, daß die bei Raumtemperatur in kubisch raumzentrierten Gittern (Bild 21) angeordneten Atome des reinen Eisens (α-Eisen) sich beim Erhitzen umordnen und kubisch flächenzentrierte Gitter (Bild 22) bilden (γ-Eisen), wenn die Temperatur 911 °C (Ac_3) erreicht hat. Die $\alpha \rightleftharpoons \gamma$-Umwandlung läuft beim reinen Eisen sowohl beim Erwärmen als auch beim Abkühlen schnell und reibungslos ab.

Für reines Eisen hat die Praxis nur wenig Verwendung. Um so bedeutender sind seine zahlreichen Legierungen. An der Spitze der Legierungselemente steht der *Kohlenstoff*. Innerhalb des kleinen Legierungsbereiches zwischen dem reinen Eisen (Fe) und einer Eisen-Kohlenstoff-Legierung mit 2,06% Kohlenstoff (C) liegen alle Stähle vom weichen Baustahl bis zum harten Werkzeugstahl. Es hat sich eingebürgert, diese Eisen-Kohlenstoff-Legierungen *unlegierten Stahl* zu nennen und erst von *legiertem Stahl* zu sprechen, wenn bewußt noch weitere Elemente hinzugefügt werden, um besondere Eigenschaften zu erreichen.

Bild 72 zeigt, bei *A* zunächst noch vereinfacht, den Stahl-Teil des Zustandsschaubildes der Eisen-Kohlenstoff-Legierungen. Dieses Teildiagramm hat große Ähnlichkeit mit dem bereits beschriebenen Ideal-Diagramm für Umwandlungen im festen Zustand (Bild 71). Die Schmelze erstarrt auch hier zunächst zu Mischkristallen, die dann bei sinkender Temperatur weitere Umwandlungen im festen Zustand durchmachen.

Das Eutektoid liegt bei 0,8% Kohlenstoff. Der Kurvenzug *GSE* verbindet die Punkte der $\alpha \rightleftharpoons \gamma$-Umwandlung ($A_3$-Punkte) sämtlicher Legierungen bis 2,06% Kohlenstoff miteinander.

Die aus flächenzentrierten γ-Würfeln aufgebauten Kristalle im Temperaturbereich zwischen der Linie *GSE* und der Soliduslinie können größere Mengen Kohlenstoff im Inneren der leeren Würfel aufnehmen und werden dadurch zu Einlagerungsmischkristallen. Bei 1147 °C halten die γ-Mischkristalle bis zu 2,06% Kohlenstoff in fester Lösung. Mit sinkender Temperatur läßt das Lösungsvermögen nach und erreicht bei 723 °C (A_1-Punkt) seinen niedrigsten Stand (0,8% C). Bei Temperaturen unter 723 °C können die γ-Mischkristalle nicht bestehen. Der Bereich der γ-Mischkristalle *(GSEAG)* wird auch das *Gebiet der festen Lösung* genannt. Das in diesem Gebiet auftretende Gefüge heißt *Austenit* (nach W. C. ROBERTS-AUSTEN).

Die kleineren, raumzentrierten α-Würfel haben weniger Platz für Kohlenstoffatome. Ab und zu gelingt es jedoch einem Kohlenstoffatom, sich an den Würfelkanten zwischen die Eisenatome zu zwängen. Aus α-Würfeln gebildete Kristalle können im günstigsten Fall bei 723 °C nur die winzige Menge von 0,02% Kohlenstoff in Lösungen halten. Innerhalb des Bereiches *GPQG* (Bild 73) ist das Gefüge nur aus α-Mischkristallen aufgebaut. Metallographisch wird dieses Gefüge *Ferrit*[1] genannt.

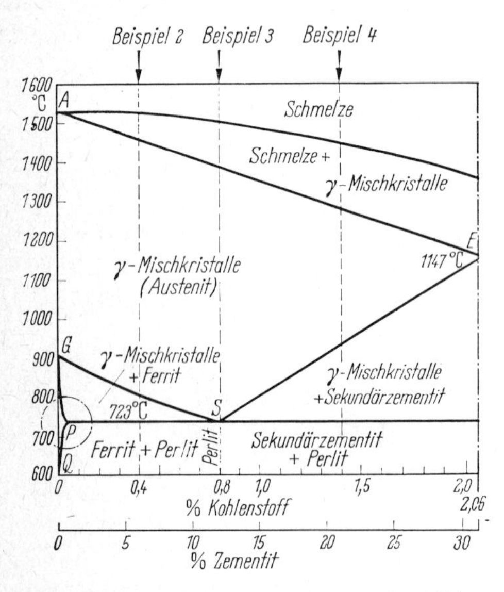

Bild 72. Stahl-Seite des Zustandsschaubildes Eisen-Kohlenstoff.

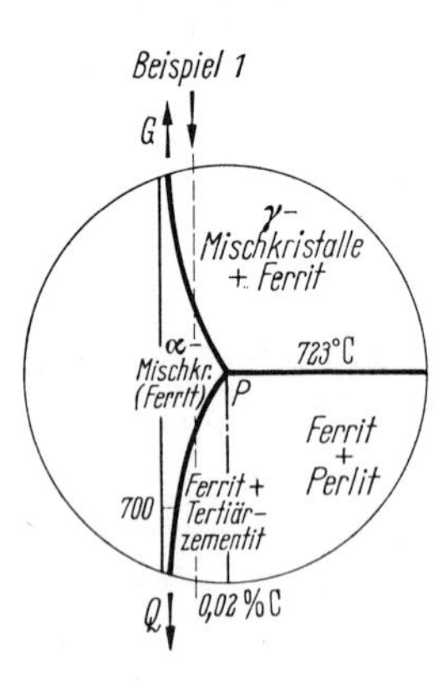

Bild 73. Ausschnitt aus Bild 82.

Wir wollen nun beobachten, wie sich die Gefüge verschiedener unlegierter Stähle nach dem Erstarren aus dem flüssigen Zustand beim Abkühlen auf Raumtemperatur verändern. Den uns bereits bekannten Vorgang der Mischkristallbildung aus der Schmelze wollen wir nicht wiederholen. Uns interessiert jetzt nur die Umwandlung der γ-Mischkristalle unterhalb der Linie *GSE*.

Da der Kohlenstoff die Eisenatome beim Umbau der Gitter stört, geht die Umwandlung nicht mehr so reibungslos vor sich, wie beim reinen Eisen. Bei schneller Abkühlung verläuft dieser Vorgang deshalb unvollkommen und das Gefüge kann sich nicht so ausbilden, wie bei langsamer Abkühlung. Bei den an-

[1] Lateinisch ferrum = Eisen.

schließend geschilderten Abkühlungsbeispielen wird vorausgesetzt, daß der Stahl so langsam abkühlt, daß alle Vorgänge trotz Behinderung durch den Kohlenstoff vollständig ablaufen können.

Beispiel 1: *Stahl mit 0,01 % Kohlenstoff* (Bild 73). Wenn die Temperatur unter die Linie *GS* (Bild 72) sinkt, beginnen sich die Gitteratome umzuordnen und α-Kristalle (Ferrit) zu bilden. Mit fortschreitender Abkühlung werden die noch vorhandenen γ-Mischkristalle immer weiter abgebaut, bis sie schließlich bei der Linie *GP* vollständig aufgezehrt sind. Von dieser Temperatur ab bis herab zur Linie *PQ* kann der α-Mischkristall das 0,01 % Kohlenstoff in Lösung halten. Wenn die Linie *PQ* unterschritten wird, sinkt das Lösungsvermögen des Ferrits unter 0,01 %. Die immer schwächer schwingenden Atome der kälter werdenden α-Mischkristalle beginnen den überschüssigen Kohlenstoff aus dem enger werdenden Gitter herauszuquetschen. Der Kohlenstoff verläßt das Gitter jedoch nicht allein, sondern lagert sich mit 3 Eisenatomen zur intermetallischen Verbindung Fe_3C (Eisenkarbid oder Zementit) verbunden, an den Grenzen der Ferritkörner als *Tertiärzementit*[1] ab (Bild 74).

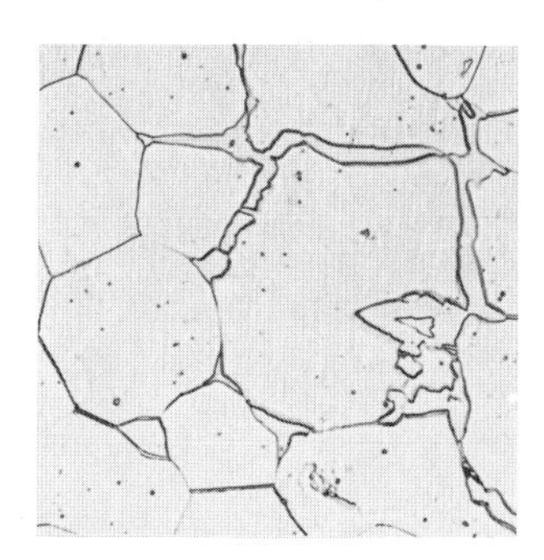

500:1

Bild 74. Sehr kohlenstoffarmer Stahl. Ferrit und Tertiärzementit.

Beispiel 2: *Stahl mit 0,4 % Kohlenstoff* (Bild 72). Beim Unterschreiten der Linie *GS* beginnt sich wieder Ferrit (α-Mischkristalle) zu bilden, der nur sehr wenig Kohlenstoff in Lösung halten kann. Die im Ferrit überschüssigen Kohlenstoffatome beginnen zu wandern und verschwinden wieder in den zunächst noch reichlich vorhandenen Austenitkristallen. Bei weiterer Abkühlung werden die Ferritkörner immer häufiger und die noch vorhandenen Austenitkristalle immer kohlenstoffreicher. Wenn bei 723 °C die Linie *PS* (A_1-Punkt) erreicht ist, besteht das Gefüge zu gleichen Teilen aus Ferrit und Austenit. Die Austenitkörner haben sich inzwischen so weit mit Kohlenstoff angereichert, daß sie die eutektoidische Zusammensetzung (0,8 % C) erreicht haben. Unterhalb 723 °C sind die Austenitkörner nicht mehr beständig. Sie wandeln sich mit einem Haltepunkt, der auf der Linie *PS* liegt, in Ferrit um (A_1-Umwandlung): Der Ferrit hat mit seinem geringen Lösungsvermögen im Gitter

[1] Warum dieser Zementit Tertiärzementit heißt, wird uns klar werden, wenn wir später das gesamte Eisen-Kohlenstoff-Schaubild vor uns haben (Bild 112).

keinen Platz mehr für den Kohlenstoff, der deshalb wieder, mit 3 Eisenatomen verbunden, als Eisenkarbid im Gefüge erscheint. Die Ferritkristalle, die sich aus den Austenitkristallen gebildet haben (zerfallene γ-Mischkristalle), sind mit *Eisenkarbidplatten* durchsetzt, die im Mikroschliff in der Regel als Lamellen sichtbar werden (Bilder 75–77). Der nach dem Ätzen bei schräger Beleuchtung häufig zu beobachtende perlmuttartige Glanz der mit Eisenkarbidlamellen durchzogenen Ferritkörner hat diesem Gefügebestandteil den Namen *Perlit* gegeben.

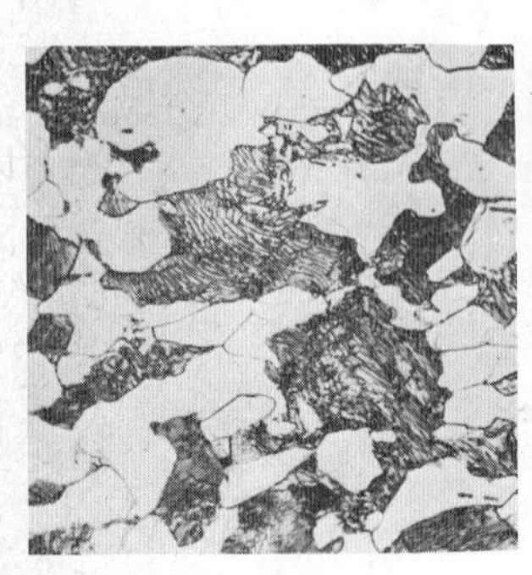

500:1

Bild 75. Untereutektoidischer Stahl. Ferrit und Perlit.

500:1

Bild 76. Eutektoidischer Stahl. Reiner Perlit.

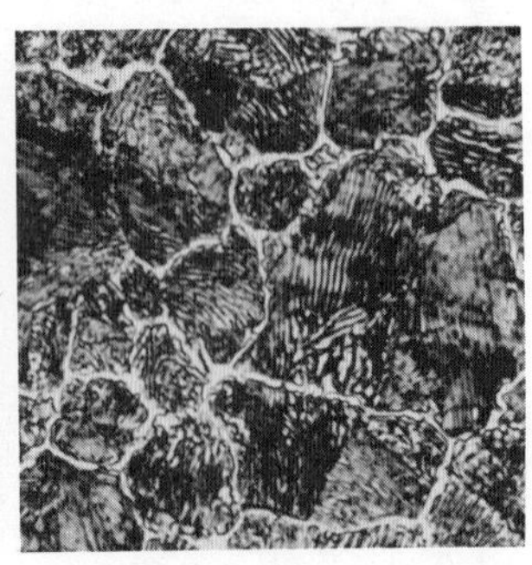

500:1

Bild 77. Übereutektoidischer Stahl. Perlit mit Zementitnetz.

Jedes *Perlitkorn* ist in sich eutektoidisch, enthält also 0,8 % Kohlenstoff. Man kann deshalb, langsame Abkühlung vorausgesetzt, aus dem Gefüge eines unlegierten Stahles den Kohlenstoffgehalt abschätzen. Wenn die Hälfte des Gefüges aus kohlenstofffreien Ferritkörnern besteht und die andere Hälfte aus Perlitkörnern, von denen jedes 0,8 % Kohlenstoff enthält, hat der Stahl, dem die Probe entnommen wurde, einen Kohlenstoffgehalt von 0,4 %[1]. Das Mikrogefüge eines *untereutektoidischen Stahles* zeigt Bild 75.

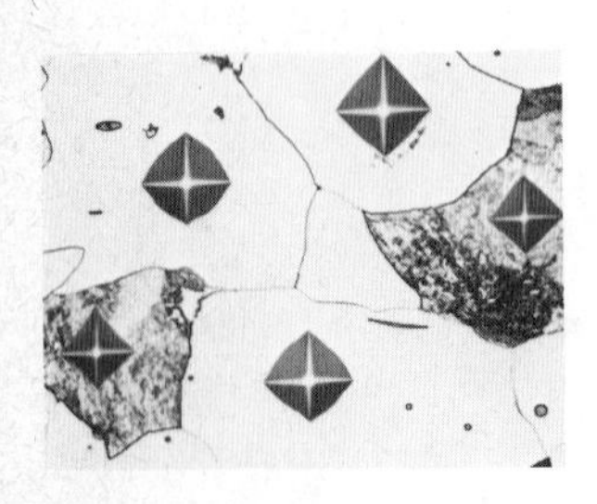

400:1

Bild 78. Mit derselben Last in Ferrit- und Perlitkörnern eines Stahles erzeugte Eindrücke eines Härteprüfdiamanten.

[1] Theoretisch enthält auch dieses Gefüge etwas Tertiärzementit. Da der Tertiärzementit aber an die Karbidlamellen des Perlits ankristallisiert, erscheint er bei höheren Kohlenstoffgehalten als 0,02 % nicht mehr als besonderer Gefügebestandteil.

Bei feinkörnigem Gefüge und schwacher Vergrößerung kann der Betrachter am Mikroskop die einzelnen Lamellen häufig nicht mehr unterscheiden und sieht die Perlitkörner nur noch als dunkle Flecken.

Das Eisenkarbid ist, wie viele intermetallische Verbindungen, im Gegensatz zum weichen Ferrit, ein harter Gefügebestandteil. Je mehr Perlit ein Stahl enthält, desto höher steigt seine Härte und damit auch seine Festigkeit, während sein Verformungsvermögen nachläßt. Bild 78 zeigt den Härteunterschied zwischen Ferrit und Perlit. Hier wurde mit derselben Last ein pyramidenförmiger Härteprüfdiamant in Ferrit- und Perlitkristalle eingedrückt. In die härteren Perlitkristalle konnte der Diamant nicht so tief eindringen, wie in die weichen Ferritkristalle und hinterließ deshalb im Perlit kleinere Eindrücke als im Ferrit.

Beispiel 3: *Stahl mit 0,8% Kohlenstoff.* Bei dieser Zusammensetzung haben die Austenitkörner bereits die eutektoidische Konzentration. Sie haben deshalb auch nicht das Bedürfnis, Kohlenstoff aufzunehmen. Ein solcher Stahl benötigt bei der Umwandlung im festen Zustand keinen Temperaturbereich für die Kohlenstoffwanderung. Die Austenitkörner wandeln sich hier mit einem Haltepunkt unmittelbar in Perlit um. Das nur aus Perlit bestehende Gefüge eines eutektoidischen Stahles, also mit Eisenkarbidlamellen durchzogene Ferritkörner, zeigt Bild 76.

Beispiel 4: *Stahl mit 1,4% Kohlenstoff.* In diesem Stahl enthalten die Austenitkörner mehr Kohlenstoff als der eutektoidischen Zusammensetzung entspricht. Ihr Lösungsvermögen im γ-Gebiet ist aber so groß, daß sie hier den überschüssigen Kohlenstoff in Lösung halten können. Wenn die Temperatur unter die Linie *SE* fällt, wird jedoch das Lösungsvermögen der γ-Mischkristalle geringer, und der Austenit scheidet den überschüssigen Kohlenstoff in Form von Zementit (Eisenkarbid) an den Korngrenzen aus. Bei 723 °C haben die Austenitkörner so viel Kohlenstoff abgestoßen, daß sie wieder die eutektoidische Zusammensetzung erreicht haben. Die γ-Mischkristalle wandeln sich wieder in Perlitkörner um, die nun von dem vorher ausgeschiedenen Zementit schalenförmig eingeschlossen sind. Bei der Herstellung des Mikroschliffes werden diese Schalen zerschnitten. Die Schnittkanten sind im Mikroskop als Netzwerk — *Zementitnetz (Sekundärzementit*[1]*)* sichtbar (Bild 77).

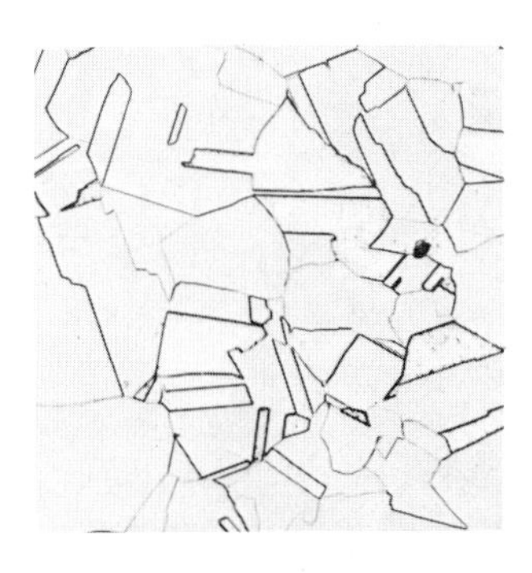

200:1

Bild 79. Mikrogefüge eines rostsicheren austenitischen Chrom-Nickel-Stahles.

[1] Wie bei dem schon erwähnten Tertiärzementit wird auch dieser Ausdruck bei der Betrachtung des gesamten Eisen-Kohlenstoff-Schaubildes verständlich werden (S. 77).

Die Dicke des Schalenwerkes nimmt bis zu einem Kohlenstoffgehalt von 2,06 % ständig zu.

Bei den rostsicheren austenitischen Stählen handelt es sich um hoch mit Chrom und Nickel legierte Stähle, wie z. B. X5CrNi18 9 mit 18 % Chrom und 9 % Nickel. Durch die zusätzlichen Legierungselemente werden die Linien *GS* und *SE* des Schaubildes in Bild 72 so stark verschoben, daß das γ-Gebiet nach unten offen ist. Diese Stähle haben keine α-γ-Umwandlung und sind deshalb immer austenitisch (Bild 79).

2.11 Einfluß der Abkühlungsgeschwindigkeit auf die Umwandlungen des Stahles

Wie werden die Umwandlungsvorgänge beeinflußt, wenn man einem bis ins γ-Gebiet erhitzten Stahl keine Gelegenheit gibt, langsam abzukühlen, sondern ihn glühend aus dem Ofen nimmt und in kaltem Wasser *abschreckt*? Die Kohlenstoffatome, die bei der plötzlich herabgedrückten Temperatur längst die feste Lösung verlassen haben müßten, können ihren Weg nicht so schnell finden. Die γ-Würfel sind aber bereits in die kleineren α-Würfel umgeklappt, in deren mit einem Eisenatom gefüllten Würfelraum jetzt auch noch die in *Zwangslösung* gehaltenen Kohlenstoffatome sitzen. Dieser Zwangszustand verspannt das Gitter, wodurch der Stahl sehr hart wird. Unter dem Mikroskop ist jetzt ein völlig anderes, aus vielen kleineren Nadeln bestehendes Gefüge zu sehen (Bild 80), das *Martensit* genannt wird (nach A. MARTENS). Der Stahl ist *gehärtet*.

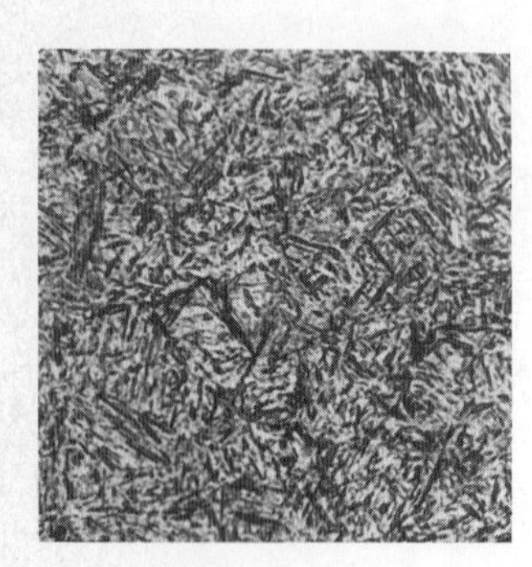

1000:1

Bild 80. Martensit, das Gefüge des gehärteten Stahles.

Wenn wir gehärteten Stahl auf Temperaturen unterhalb A_1 (723 °C) erwärmen, geben wir den Kohlenstoffatomen wieder etwas Bewegungsfreiheit, und es gelingt ihnen die Zwangslösung allmählich zu verlassen und Eisenkarbidkügelchen zu bilden, die feinverteilt im Gefüge liegen. Die Härte der Probe geht dadurch zurück und die Zähigkeit nimmt wieder zu. Das Erwärmen nach dem Härten nennt man *Anlassen*. Je höher angelassen wird, desto mehr Kohlenstoffatome befreien sich aus ihrer Zwangslage. Diese aus Härten und Anlassen bestehende Wärmebehandlung wird *Vergüten* genannt. So behandelte Stähle haben bei höherer Festigkeit auch gute

Zähigkeit, wie es häufig für Baustähle verlangt wird. Zum Vergüten eignen sich Stähle mit Kohlenstoffgehalten von etwa 0,3–0,6%.

Nach sehr langsamer Abkühlung besteht das Gefüge eines Stahles mit 0,4% Kohlenstoff zu gleichen Teilen aus Ferrit und lamellarem Perlit. Kühlen wir etwas schneller ab, so diffundiert der träge Kohlenstoff nur unvollkommen. Das führt dazu, daß bei der Umwandlung zwischen A_3 und A_1 nicht genügend *voreutektoidischer Ferrit* gebildet wird. Es bleiben mehr Austenitkristalle erhalten, als der Konzentration mit 0,4% Kohlenstoff entspricht. Nach dem Zerfall der γ-Mischkristalle unterhalb A_1 werden deshalb mehr Perlitkristalle im Gefüge beobachtet als bei langsamer Abkühlung. Die Perlitkristalle sind jetzt nicht mehr eutektoidisch, sondern enthalten weniger als 0,8% Kohlenstoff. Dadurch wird optisch ein höherer Kohlenstoffgehalt vorgetäuscht.

Die Eisenkarbidplatten der Perlitkristalle werden mit zunehmender Abkühlungsgeschwindigkeit feiner. Kühlen wir immer schneller ab, so kommt einmal der Augenblick, wo sich kein Ferrit mehr bilden kann und das Gefüge nur noch aus äußerst feinstreifigen Perlitkristallen besteht, die im geätzten Mikroschliff nur als strukturlose Flecken unterschiedlicher Tönung erscheinen.

Bei schroffer Abkühlung wird ein Teil des Kohlenstoffs bei der Umwandlung im Gitter festgehalten und es tritt teilweise *Zwischenstufengefüge* (s. Abschn. 12) oder auch schon Martensit auf. In diese Gefügebestandteile sind dann je nach Abkühlungsgeschwindigkeit mehr oder weniger Inseln feinstreifiger Perlits eingelagert. Wenn die Abkühlungsgeschwindigkeit weiter gesteigert wird, bilden sich immer weniger Perlitinseln, bis bei sehr schroffer Abkühlung der Kohlenstoff vollständig in Zwangslösung gehalten wird und rein martensitisches Gefüge entsteht.

Mit Härten und Vergüten sind die Möglichkeiten, das Gefüge und damit die Eigenschaften der Stähle durch Wärmebehandlung zu verändern, noch nicht erschöpft. Die Bezeichnungen der mannigfaltigen Wärmebehandlungsverfahren waren lange Zeit nicht einheitlich. Um Mißverständnissen vorzubeugen, die z. B. bei unterschiedlicher Auslegung einer Bezeichnung durch Verbraucher und Hersteller entstehen können, wurde das DIN-Blatt 17014 geschaffen. Es legt eindeutig die mit der Wärmebehandlung des Stahles verbundenen Begriffe fest.

Aus den wenigen, knappen Sätzen, mit denen in der DIN-Norm die verschiedenen Wärmebehandlungsverfahren beschrieben werden, kann man nicht entnehmen, was im Stahl vorgeht, wenn er nach einer dieser Vorschriften behandelt wird. Wir wollen deshalb drei Stahlproben nach drei verschiedenen Vorschriften der DIN-Norm behandeln und dabei das „Innenleben" der Proben beobachten.

1. Beispiel: *Spannungsarmglühen.* Nach DIN 17014 Glühen bei einer Temperatur unterhalb A_1 (723 °C), meist unter 650 °C, mit nachfolgendem langsamem Abkühlen zum Ausgleich innerer Spannungen, ohne wesentliche Änderungen der vorliegenden Eigenschaften.

Bei diesen Temperaturen, bevorzugt werden Temperaturen zwischen 550 und 650 °C, werden die Atome beweglich genug, um sich aus Zwangslagen (innere Spannungen) zu befreien, in die sie durch vorhergehende Bearbeitung (Schmieden, Walzen, Richten, Schweißen usw.) oder durch ungleichmäßiges Abkühlen nach dem Gießen geraten sind. Die inneren Spannungen gleichen sich dadurch aus. Um nicht wieder neue Spannungen in das Werkstück zu bringen, muß man, besonders bei großen Wanddickenunterschieden, nach dem Spannungsarmglühen langsam abkühlen.

Gehärtete Stähle kann man bei diesen Temperaturen nicht spannungsarmglühen, da hierbei die Härte zurückgehen würde. Ebenso dürfen vergütete Stähle nicht bei Temperaturen spannungsarmgeglüht werden, die über der Anlaßtemperatur liegen, da Härte und Festigkeit dadurch weiter nachlassen würden. Bei Kaltverformung muß im Bereich des kritischen Verformungsgrades zwischen 8 und 12% vor allem bei kohlenstoffarmen Stählen mit Grobkornbildung durch Rekristallisation gerechnet werden, wenn die Temperatur von 650 °C überschritten wird.

2. Beispiel: *Weichglühen.* Nach DIN 17014 Glühen auf einer Temperatur dicht unterhalb A_1 (mitunter auch über A_1) oder Pendeln um A_1 mit nachfolgendem langsamem Abkühlen zur Erzielung eines weichen Zustandes.

Kohlenstoffreiche Stähle im Bereich der eutektoidischen Zusammensetzung und übereutektoidische Stähle enthalten viele Karbidplatten, die bei spanabhebender Bearbeitung das Werkzeug stark beanspruchen. Glüht man solche Stähle pendelnd bei Temperaturen um 723 °C, so lösen sich beim Überschreiten des A_1-Punktes jedesmal Teile der Eisenkarbidplatten auf, und der Kohlenstoff verschwindet in den ersten neugebildeten Austenitkörnern. An den noch zurückbleibenden Zementitresten lagert sich beim nächsten Absinken der Temperatur unter 723 °C das wieder ausgeschiedene Karbid in Kugelform an. Nach genügend langem Pendelglühen enthält das Gefüge keine Eisenkarbidlamellen mehr, sondern nur noch Zementitkügelchen (körniger Zementit). Neben der besseren Bearbeitbarkeit stellt dieses Gefüge auch den günstigsten Ausgangszustand für eine spätere Härtung dar.

Bild 81 zeigt lamellaren Perlit bei starker Vergrößerung. In dem daneben (Bild 82) abgebildeten Gefüge einer weichgeglühten Probe desselben Stahles sind die Lamellen vollständig zu Zementitkügelchen zerfallen. Die im weichen Ferrit eingeschlossenen Zementitkügelchen werden bei spangebender Bearbeitung von den Werkzeugen leichter herausgebrochen, als die zusammenhängenden Karbidplatten. Der Stahl ist weicher und besser bearbeitbar geworden. Bei Stählen mit ge-

1000:1

Bild 81. Lamellarer Perlit.

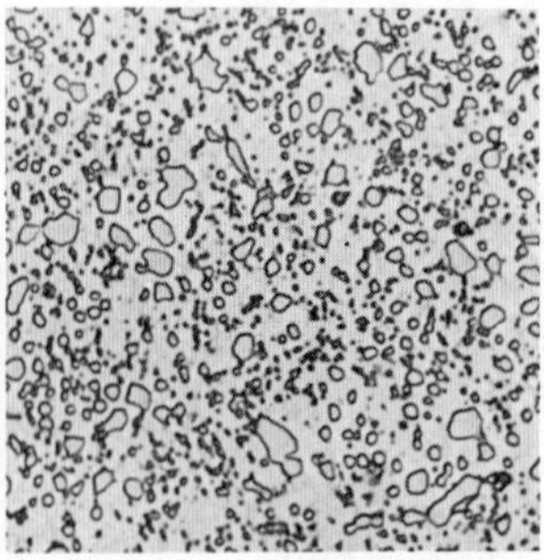

1000:1

Bild 82. Körniger Perlit.

ringem und mittlerem Kohlenstoffgehalt (weniger als 0,5 %) verbessert das Weichglühen die Bearbeitbarkeit bei spangebender Fertigung nicht. Diese Stähle können zu weich werden und *schmieren* beim Bearbeiten. Weichglühen ist für kohlenstoffarme Stähle jedoch dann vorteilhaft, wenn sie durch Walzen, Biegen, Ziehen, Bördeln usw. kalt verformt werden sollen.

Diese Stähle können ausreichend weichgeglüht werden durch langzeitiges Halten auf Temperaturen dicht unter dem A_1-Punkt. Hierbei nehmen die α-Kristalle entsprechend ihrem Lösungsvermögen (0,02 %) dauernd geringe Mengen Kohlenstoff auf und stoßen ihn wieder aus. Die Karbidplatten zerfallen so bei genügend langer Glühung (mehrere Stunden) allmählich in kleine Stücke, die sich unter dem Einfluß der Oberflächenspannung zu kleinen Kügelchen zusammenballen.

3. Beispiel: *Normalglühen.* Nach DIN 17014 Erwärmen auf eine Temperatur wenig oberhalb A_3 (bei überperlitischen Stählen oberhalb A_1) mit nachfolgendem Abkühlen in ruhender Atmosphäre. Bei dieser Wärmebehandlung macht man sich die $\alpha \rightleftharpoons \gamma$-Umwandlung des Eisens nutzbar. Als Beispiel wählen wir einen Stahlguß mit etwa 0,4 % Kohlenstoff.

In gegossenem Stahl sind die γ-Mischkristalle häufig zu sehr großen Körnern angewachsen. Der diffusionsträge Kohlenstoff kann in der Zeit, die ihm meist bei der $\gamma \rightleftharpoons \alpha$-Umwandlung zur Verfügung steht, nicht die Wege zurücklegen, die zur Bildung eines normalen ferritisch-perlitischem Gefüge nötig wären. Es läuft deshalb ein Umwandlungsvorgang ab, den man, im übertragenen Sinne, als Notlösung bezeichnen könnte. Es entstehen dabei nur teilweise globulare Ferritkörner an den Austenitkorngrenzen, während der übrige Ferrit von den Korngrenzen ausgehend an den Gitterebenen entlang in das Austenitmutterkorn hineinwandert. Da die Gitterebenen bestimmte Winkel zueinander haben, nehmen auch die Ferritnadeln bestimmte, in der Anzahl begrenzte Richtungen zueinander ein. Der Kohlenstoff wandert dann nur innerhalb der ehemaligen Austenitkörner in die noch austenitischen Bereiche zwischen den Ferritnadeln ab. Diese aufgekohlten Zwischenbereiche eutektoidischer Zusammensetzung wandeln dann bei A_1 in Perlit um, so daß unterhalb des Umwandlungspunktes Ferrit und Perlit in nadeliger Form, der sogenannten WIDMANNSTÄTTENschen Struktur vorliegen (Bild 83).

Das WIDMANNSTÄTTENsche Gefüge läßt sich durch besonders langsame Abkühlung vermeiden. Das würde aber zu noch gröberem Korn führen. Die schlechten Festigkeitseigenschaften des grobkörnigen Gefüges werden sogar durch die WIDMANNSTÄTTENsche Struktur etwas gemildert, da sie für eine gleichmäßigere Verteilung von Ferrit und Perlit sorgt.

Die Abhängigkeit der WIDMANNSTÄTTENschen Struktur von der Korngröße zeigt Bild 85. Hier lag vor der Umwandlung ein Austenit sehr unterschiedlicher Korngröße vor. Bei der Umwandlung sind aus den kleineren Körnern normale Ferrit- und Perlitkristalle entstanden, während die großen Körner in WIDMANNSTÄTTENscher Struktur nadelig aufgeteilt wurden.

In Stählen mit mehr als 0,8 % Kohlenstoff, die keine Ferritkörner sondern nur Perlit und Zementit enthalten, liegt der normalerweise als Schalenwerk (im Mikroschliff als Netz) auftretende Sekundärzementit bei WIDMANNSTÄTTENscher Anordnung nadelförmig in den Perlitkristallen (Bild 86).

100:1
Bild 83. Ungeglühter Stahlguß (Widmannstättensche Struktur).

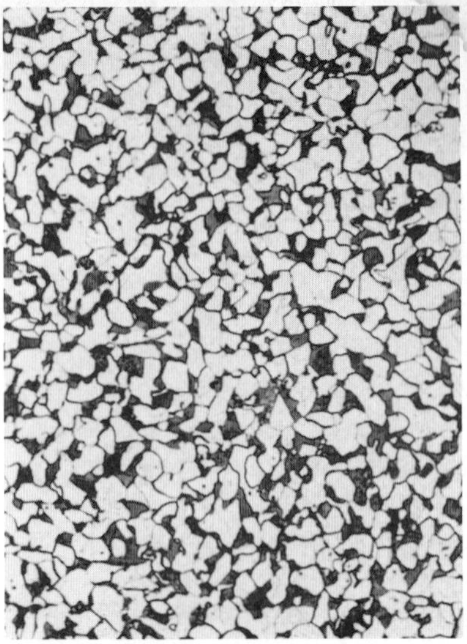

100:1
Bild 84. Normalgeglühter Stahlguß.

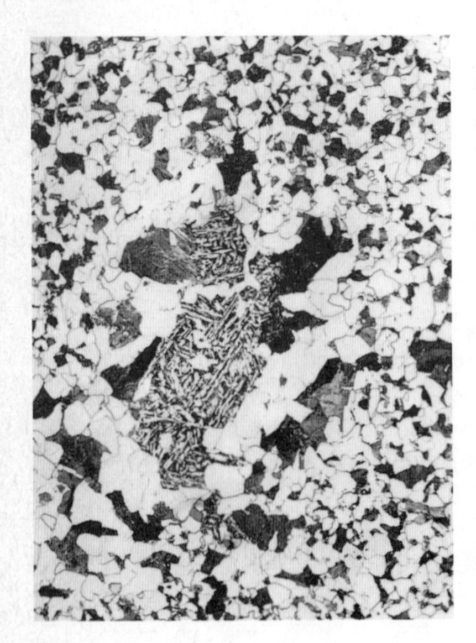

50:1
Bild 85. Stahlguß mit unterschiedlicher Korngröße. Widmannstättensche Struktur nur im groben Korn.

100:1
Bild 86. In Widmannstättenscher Struktur angeordnete Nadeln des Sekundärzementits in einem Stahl mit mehr als 0,8% Kohlenstoff (übereutektoidischer Stahl).

Die Bezeichnung WIDMANNSTÄTTENsche Struktur wird nicht nur bei Stahl benutzt, sondern für alle Gefüge, bei denen ein ausgeschiedener Bestandteil eine bestimmte Orientierung zur Grundmasse hat.

Grobkorn ist, mit oder ohne WIDMANNSTÄTTENsche Struktur, meist unerwünscht. Erhitzen wir ein grobkörniges Stahlgefüge, so entstehen die ersten Austenitkristalle, wenn der A_1-Punkt (723 °C) überschritten wird. Was sich dann bei weiterer Wärmezufuhr abspielt, ist mit den Vorgängen bei der Rekristallisation nach Kaltverformung vergleichbar, nur daß hier wegen der gesetzmäßig einsetzenden allotropen Umwandlung des Eisens keine Kaltverformung nötig ist, um einen Anreiz zur Bildung neuer Kristalle zu geben. Austenitkristalle bilden sich überall da, wo Ferrit und Zementit zusammenstoßen. Keime sind also reichlich vorhanden. Erwärmen wir die Probe langsam durch das Gebiet zwischen A_1 und A_3, so bilden sich nur wenige neue Austenitkristalle, die allmählich wachsen und das alte Gefüge aufzehren. Bringen wir die Probe dagegen schnell durch dieses Gebiet, dann bilden sich an zahlreichen Stellen kleine γ-Kriställchen, die bald aneinanderstoßen. Die erste Vorbedingung für die Bildung eines feinkörnigen Gefüges beim Normalglühen ist also schnelles Erwärmen der Probe durch das Umwandlungsgebiet hindurch. Wenn wir die Probe dann im γ-Gebiet länger halten als für die vollständige Umwandlung nötig ist *(Überzeiten)*, werden die kleinen Austenitkörner sich gegenseitig aufzehren. Stabilere Kristalle wachsen dabei auf Kosten ihrer Nachbarn (Kornwachstum). Es muß also auch darauf geachtet werden, daß die Probe nicht zu lange bei Normalisierungstemperatur geglüht wird. Kornwachstum wird nicht nur begünstigt durch *Überzeiten*, also zu langes Halten bei richtiger Temperatur, sondern auch durch *Überhitzen* bei zu hoher Temperatur. Um Überhitzung zu vermeiden, erwärmt man die Probe nur knapp (20–30 °C) über den A_3-Punkt. Sehr langsames Abkühlen (Überzeiten) im Ofen würde ebenfalls wieder die Grobkornbildung begünstigen.

Normalgeglüht wird nicht nur zur Verfeinerung grober Gußstruktur, sondern auch dann, wenn sich beim Verarbeiten von Stahl oder beim Benutzen von Stahl-

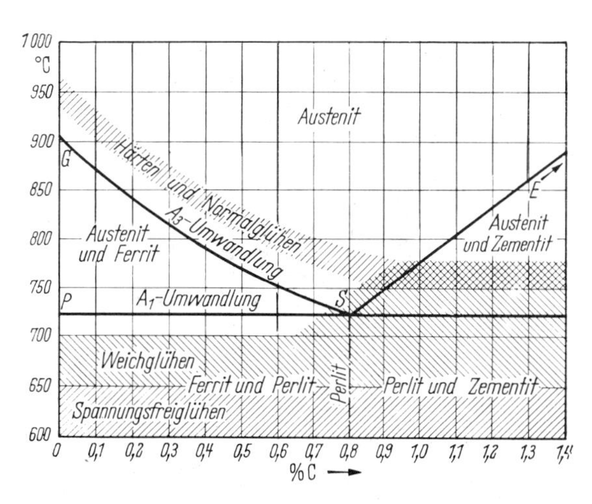

Bild 87. Der für die Wärmebehandlung der Stähle wichtige Teil des Zustandsschaubildes Eisen-Kohlenstoff.

bauteilen ungünstige Gefügezustände einstellen, wie z. B. Überhitzungserscheinungen beim Gasschweißen und Schmieden und unerwünschte Härtezunahme durch Martensitbildung oder Kaltverformung.

Nach dem bisher Gelernten müßte man beim Normalglühen den Stahl schnell bis knapp über den A_3-Punkt erhitzen, dort kurze Zeit halten und anschließend nicht zu langsam (an Luft) abkühlen, um durch die zweimalige Umkörnung beim Durchlaufen des Gebietes zwischen A_3 und A_1 in beiden Richtungen feinkörniges Gefüge wie in Bild 84 zu erhalten. Bei einfach geformten Stahlstücken mag diese Behandlung genügen. Die Normalisierung des Gefüges wird auf jeden Fall erreicht. In verwickelt geformten Werkstücken können jedoch durch das schnelle Erhitzen und Abkühlen innere Spannungen entstehen. In solchen Fällen verbindet man vorteilhaft das Normalglühen mit dem Spannungsarmglühen. Diese Wärmebehandlung würde dann wie folgt vorzunehmen sein:

1. Langsames Erwärmen bis knapp unter den A_1-Punkt (etwa 680 °C).
2. Stärker aufheizen, um das Stück schnell in das γ-Gebiet zu bringen.
3. Nicht länger über A_3 halten, als für die vollständige Umwandlung nötig ist (1–2 min je mm Wandstärke, jedoch nicht weniger als 20 min).
4. An Luft auf etwa 680 °C abkühlen.
5. Anschließend langsam im Ofen abkühlen.

Übereutektoidische Stähle werden bei Glühbehandlung nicht in das γ-Gebiet hinein erhitzt, da dann bei der Abkühlung das Zementitnetz entstehen würde. In der Praxis ist bei diesen Stählen für das Bearbeiten und als Ausgangsgefüge für das Härten der weichgeglühte Zustand der günstigste. Beim Härten wird der Stahl wie ein eutektoidischer Stahl behandelt. Der überschüssige Zementit ist dann in Form kleiner Kügelchen gleichmäßig im Martensit verteilt.

Die Temperaturbereiche für die beschriebenen Wärmebehandlungen des Stahles sind in dem in Bild 87 vereinfacht wiedergegebenen Ausschnitt aus dem Eisen-Kohlenstoff-Diagramm eingetragen.

2.12 Das Zwischenstufengefüge des Stahles

Diese Gefügeform des Stahles ist bis jetzt nicht erwähnt worden, weil sich ihre Entstehung nicht an den Linienzügen des Eisen-Kohlenstoff-Diagrammes erläutern läßt.

Das *Zwischenstufengefüge* entsteht rein nur dann, wenn Stahl aus dem γ-Gebiet schnell auf eine bestimmte Temperatur unterhalb A_1 (723 °C) abgekühlt und so lange auf dieser Temperatur gehalten wird, bis der *unterkühlte Austenit* sich vollständig umgewandelt hat.

Um die Gesetzmäßigkeit dieser Umwandlung bei gleichbleibender Temperatur (isothermische[1] Umwandlung) darzustellen, sind *Zeit-Temperatur-Umwandlungs-Schaubilder* (ZTU-Schaubilder) für die gebräuchlichen Stähle aufgestellt worden.

[1] Griechisch isos = gleich, thermos = warm.

An diesen Diagrammen kann abgelesen werden, welches Gefüge bei welcher Temperatur entsteht, wenn Stahl isothermisch umwandelt.

Der unterkühlte Austenit des Stahles C45[1] wandelt sich nach dem ZTU-Schaubild in Bild 88 bei Temperaturen über etwa 530 °C in Ferrit und Perlit um, wobei der Perlit feinstreifiger wird und immer weniger Ferrit auftritt, je tiefer der Austenit unterkühlt wurde. Zwischen dieser Perlitstufe und der Temperatur (etwa 300 °C), bei der sich der erste Martensit bildet, liegt die Zwischenstufe.

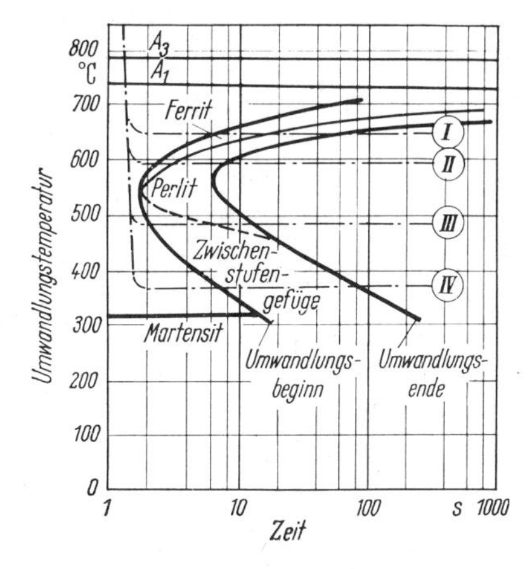

Bild 88. Isothermisches ZTU-Schaubild für einen unlegierten Stahl mit 0,45 % Kohlenstoff (Temperaturachse linear, Zeitachse logarithmisch).[2]

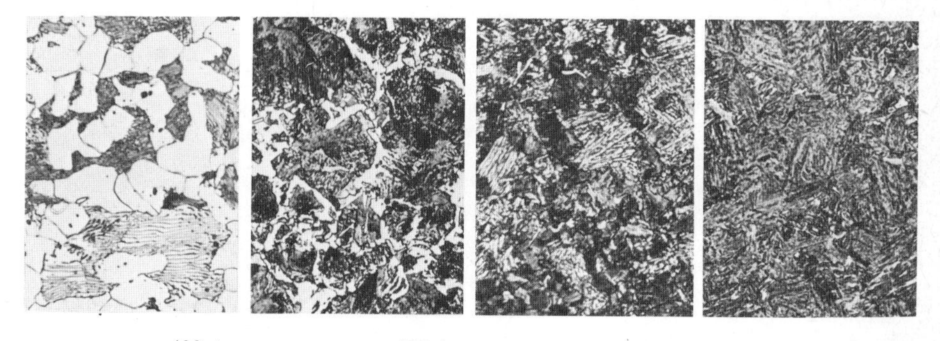

400:1
Bild 89. Umwandlung nach Kurve *I*. Ferrit und grobstreifiger Perlit zu etwa gleichen Teilen.

400:1
Bild 90. Umwandlung nach Kurve *II*. Wenig Ferrit und viel feinstreifiger Perlit.

400:1
Bild 91. Umwandlung nach Kurve *III*. Gefüge der oberen Zwischenstufe und sehr feinstreifiger Perlit.

400:1
Bild 92. Umwandlung nach Kurve *IV*. Gefüge der unteren Zwischenstufe.

Bilder 89–92. Mikrogefüge von Proben aus Stahl C45, die entsprechend den Kurven *I–IV* in Bild 88 isothermisch umgewandelt wurden.

[1] Unlegierter Vergütungsstahl mit Kohlenstoffgehalten zwischen 0,42 und 0,50 %.
[2] In Anlehnung an eine Darstellung von A. Rose und W. Peter gezeichnet.

Bild 92 zeigt das Mikrogefüge einer Probe dieses Stahles, die entsprechend der Linie *IV* in Bild 88 aus dem γ-Gebiet in einem Salzbad auf 370 °C abgekühlt und bei dieser Temperatur gehalten wurde, bis die Umwandlung vollständig abgelaufen war, gemäß Bild 88 rd. 90 s, praktisch jedoch zur Sicherheit bis zu rd. 200 s. Das Gefüge ist nadelig und ähnelt dem, das sich einstellt, wenn man diesen Stahl durch Härten und anschließendes Anlassen vergütet, nur daß dieses Gefüge ohne den Umweg über den Martensit, sich direkt aus dem Austenit bildet. Man spricht deshalb auch von *Zwischenstufenvergütung*.

Die Diffusionsmöglichkeiten der Eisenatome sind geringer als die der kleineren Kohlenstoffatome. Bei der Temperatur der Zwischenstufe kann der Kohlenstoff noch diffundieren und Karbide bilden. Eine Diffusion der Grundgitteratome ist aber nicht mehr möglich. Die Umwandlung in der Zwischenstufe erfolgt deshalb durch Umklappen des kubisch flächenzentrierten Austenitgitters in ein verzerrtes, kubisch raumzentriertes Ferritgitter, wobei sich gleichzeitig sowohl unmittelbar aus dem Austenit als auch aus dem bereits gebildeten übersättigten Ferrit feine Karbidpartikelchen ausscheiden, die sich nach dem Gitter der ehemaligen Austenitkristalle ausrichten, worauf hauptsächlich das nadelförmige Aussehen des Zwischenstufengefüges zurückzuführen ist[1]. Durch das Heraustreten des Kohlenstoffs aus dem Austenitgitter wird der Umklappvorgang erleichtert[2], so daß das Umklappen mit

9000:1

Bild 93. Stahl C45 aus Härtetemperatur in Wasser abgeschreckt, Martensit.

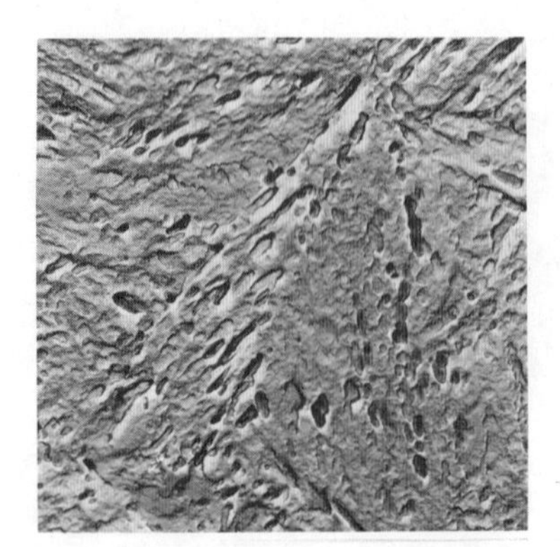

9000:1

Bild 94. Stahl C45 aus Härtetemperatur bei 400 °C isothermisch umgewandelt, Zwischenstufengefüge.

Bild 93 und 94. Elektronenmikroskopische Aufnahmen von Platin-Kohlenstoff-Aufdampfabdrücken.

---

[1] Schrader, A.; Rose, A.: De Ferri Metallographia II. Düsseldorf: Verlag Stahleisen 1966.
[2] Eckstein, H. J.: Wärmebehandlung von Stahl. Leipzig: VEB Deutscher Verlag für Grundstoffindustrie 1969.

zunehmender Karbidausscheidung fortschreitet. Dadurch wird die Zwischenstufenbildung zu einem diffusionsabhängigen Vorgang, im Gegensatz zur Martensitbildung, die schlagartig und diffusionslos einsetzt.

Den Unterschied zwischen Martensit und Zwischenstufengefüge zeigen bei sehr starker Vergrößerung die beiden elektronenmikroskopischen Aufnahmen Bilder 93 und 94.

Je nachdem ob die Umwandlung innerhalb des Zwischenstufenbereiches bei höherer oder tieferer Temperatur abläuft, unterscheidet man noch zwischen der *oberen Zwischenstufe*, in der sich gröbere Karbide ausscheiden, und der *unteren Zwischenstufe*, in der die Karbidausscheidungen sehr fein sind,

Unlegierte Stähle haben bei der isothermischen Umwandlung kurze Anlaufzeiten. Die Umwandlungsvorgänge setzen hier bald ein und laufen so schnell ab, daß dickere Stücke schon teilweise oder vollständig in der Perlitstufe umwandeln, bevor sie auf die für die Bildung der Zwischenstufe nötige Temperatur abgekühlt sind. Reines Zwischenstufengefüge kann bei solchen Stählen deshalb nur bei geringer Wandstärke erzeugt werden.

Bei legierten Stählen, die neben Kohlenstoff noch andere Legierungselemente enthalten, ist die Zwischenstufe meist stärker ausgeprägt. Die Anlaufzeiten sind länger, die Umwandlungen setzen später ein und laufen träger ab. Es ist dadurch leichter möglich, den Austenit auf die Temperatur für die Umwandlung zu Zwischenstufengefüge zu unterkühlen. Dadurch wird hier die Zwischenstufenvergütung *(isothermische Vergütung)* praktisch anwendbar. Sie hat gegenüber der Vergütung durch Härten und Anlassen den Vorteil geringerer Verzugs- und Rißgefahr, weil die Stücke nicht schroff abgeschreckt werden.

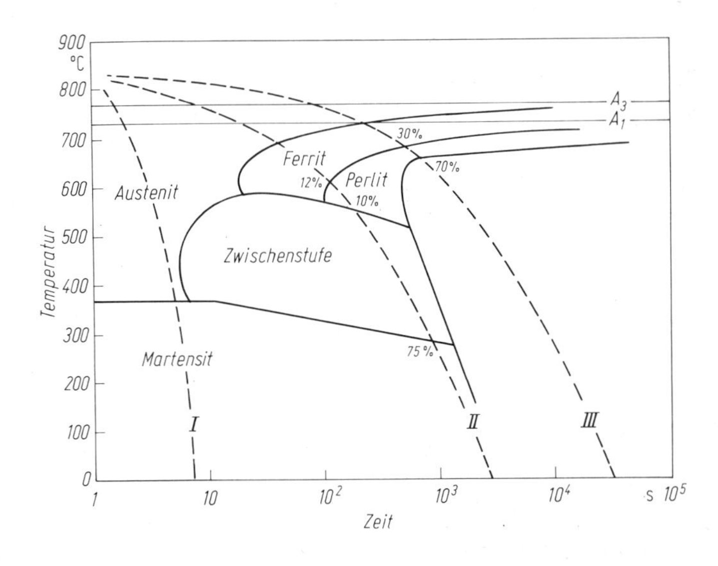

Bild 95. Kontinuierliches ZTU-Schaubild des Stahles 42CrMo4.

800:1
Bild 96. Mikrogefüge (Martensit) einer Probe aus Stahl 42CrMo4, die entsprechend der Kurve I in Bild 94 kontinuierlich abgekühlt wurde. (Härte nach Vickers = 680 HV 30).

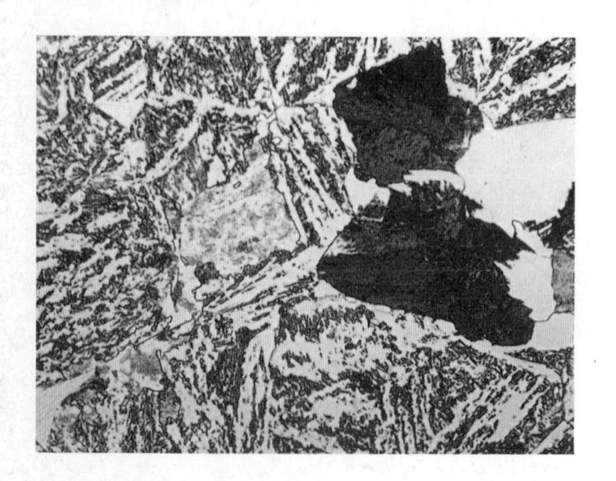

800:1
Bild 97. Mikrogefüge (Ferrit, Perlit und Zwischenstufengefüge) nach kontinuierlicher Abkühlung entsprechend Kurve II. (Härte nach Vickers = 280 HV 10).

800:1
Bild 98. Mikrogefüge (Ferrit und Perlit) nach kontinuierlicher Abkühlung entsprechend Kurve III. (Härte nach Vickers = 230 HV 10).

Auch wenn Stähle fortlaufend (kontinuierlich) abkühlen, können, vor allem bei legierten Sorten, zeitweilig Bildungsbedingungen für Zwischenstufengefüge vorliegen. Die für diesen Fall entwickelten Schaubilder weichen von denen für die isothermische Umwandlung desselben Stahles etwas ab.

Kontinuierliche ZTU-Schaubilder sind für den Schweißfachmann interessant, weil der hocherhitzte Stahl neben der Schweißnaht im allgemeinen kontinuierlich abkühlt.

Die Abkühlungskurven I, II und III im kontinuierlichen ZTU-Schaubild des mit Chrom und Molybdän legierten Stahles 42CrMo4 (Bild 95) zeigen, daß bei schnellem Abkühlen nach Kurve I neben der Schweißnaht Martensit entsteht (Bild 96). Dies kann bei kleinen Schweißungen an großen Stücken der Fall sein, wie beispielsweise bei Reparaturarbeiten. Bei etwas langsameren Abkühlen nach Kurve II wandelt sich der Austenit nacheinander um in 12% Ferrit, 10% Perlit und 75% Zwischenstufengefüge (Bild 97). Aus dem bis dahin noch nicht umgewandelten restlichen 3% Austenit entsteht bei weiterem Abkühlen Martensit. Will man Martensit und Zwischenstufengefüge im Übergang vermeiden, muß man dafür sorgen, daß die Abkühlungskurve noch weiter rechts im Diagramm liegt. Das kann man dadurch erreichen, daß man den Stahl anwärmt und beim Schweißen warm hält (unter Vorwärmung schweißen). Da hierdurch das Temperaturgefälle zwischen der hocherhitzten Zone neben der Schweißnaht und dem übrigen Werkstoff vermindert wird, kühlt die gefährdete Zone langsamer ab, etwa wie nach Kurve III, wobei nur noch Ferrit (30%) und Perlit (70%) entstehen (Bild 98).

ZTU-Schaubilder werden grundsätzlich für Austenitisierungstemperaturen und -zeiten aufgestellt, die für die gängigen Wärmebehandlungen der Stähle von Interesse sind. Unmittelbar neben der Schweißnaht wird aber der Stahl bis in die Nähe des Schmelzpunktes erhitzt und ist kürzere Zeit im Austenitgebiet. Die Linien des Schaubildes werden dadurch nach rechts zu längeren Zeiten verschoben, d. h. es kann sich noch Martensit bilden, wo er nach dem normalen Schaubild nicht mehr möglich wäre. Außerdem gilt ein ZTU-Schaubild ganz genau nur für den Stahl, von dem es aufgenommen wurde. Analysenschwankungen, die noch innerhalb der Richtwerte einer Stahlsorte liegen, verändern auch etwas den Verlauf der Kurven des Schaubildes. Für die Schweißpraxis ist deshalb zu empfehlen, etwas höhere Vorwärmtemperaturen zu wählen und das Werkstück länger warm zu halten, als nach dem Schaubild nötig wäre[1].

2.13 Das System Eisen-Eisenkarbid

Mit den besprochenen Eisen-Kohlenstoff-Legierungen bis zu einem Kohlenstoffgehalt von 2,06% haben wir, um es ganz genau auszudrücken, nur einen Teil eines Teildiagrammes kennengelernt. Das in Bild 99 wiedergegebene Zustandsschau-

[1] Müller, R.: Anwendung von ZTU-Schaubildern in der Schweißpraxis. Schweißen und Schneiden 12 (1960) H. 7, S. 309–317.

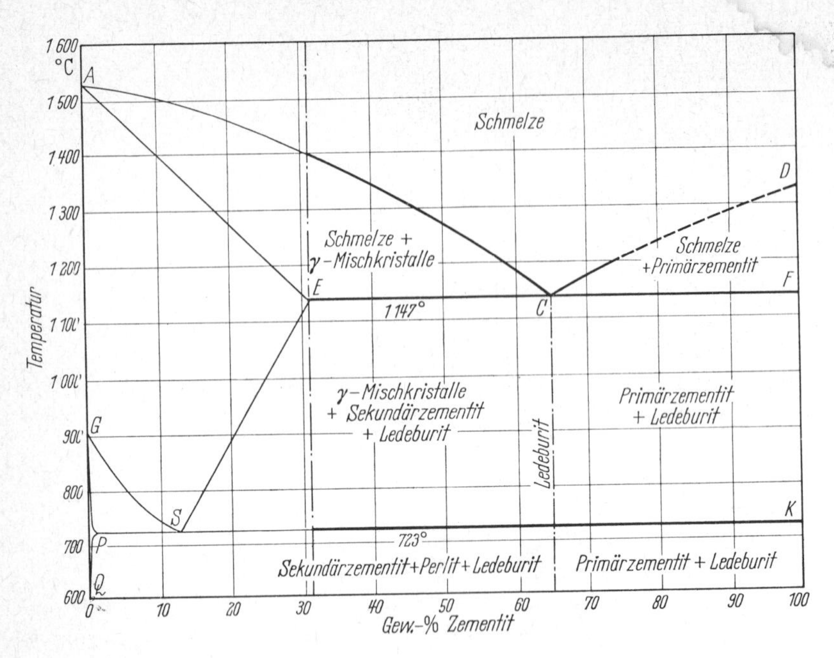

Bild 99. Das Zustandsschaubild Eisen-Eisenkarbid (Zementit, Fe_3C). 100% Fe_3C entsprechen 6,67% C-Gehalt der Legierung. (Bei *A* vereinfacht).

bild erfaßt die Eisen-Kohlenstoff-Legierungen bis 6,67% Kohlenstoff. Dieser Kohlenstoffgehalt entspricht genau dem Bedarf der intermetallischen Verbindung Eisenkarbid (Fe_3C). Wie wir bereits wissen, teilen solche Verbindungen die Zustandsdiagramme in Teildiagramme. Das Teildiagramm der Eisen-Kohlenstoff-Legierungen bis 6,67% Kohlenstoff, entsprechend 100% Eisenkarbid, ist ein vollständiges Schaubild der Legierungen zwischen Eisen und Eisenkarbid (Zementit).

Die Eisen-Kohlenstoff-Legierungen jenseits der intermetallischen Verbindung Eisenkarbid mit mehr als 6,67% C sind wegen der mit höheren Kohlenstoffgehalten immer schwieriger werdenden Versuchsbedingungen noch nicht erforscht. Diese Legierungen sind im Rahmen des hier behandelten Stoffes auch nicht mehr interessant, da bei hohen Kohlenstoffgehalten der metallische Charakter der Legierungen allmählich verschwindet.

Die *Stahl-Seite* des Schaubildes (bis 2,06% C, entsprechend 31% Fe_3C) ist uns schon bekannt und wird deshalb in Bild 99 nur angedeutet. Wir brauchen uns also nur noch den Teil zwischen 2,06 und 6,67% Kohlenstoff, die *Gußeisen-Seite*, zu erarbeiten. Wieder haben wir ein eutektisches Diagramm vor uns. Das aus γ-Mischkristallen und Eisenkarbid bestehende Eutektikum wird *Ledeburit* genannt (nach A. LEDEBUR). Links vom eutektischen Punkt *C* bilden sich primär γ-Mischkristalle aus, während auf der rechten Seite primär Eisenkarbid (Zementit) ausgeschieden wird, das in Form dicker Balken im Gefüge liegt und deshalb auch *Balkenzementit* genannt wird. Sämtliche Gefüge, untereutektisch, eutektisch und übereutektisch,

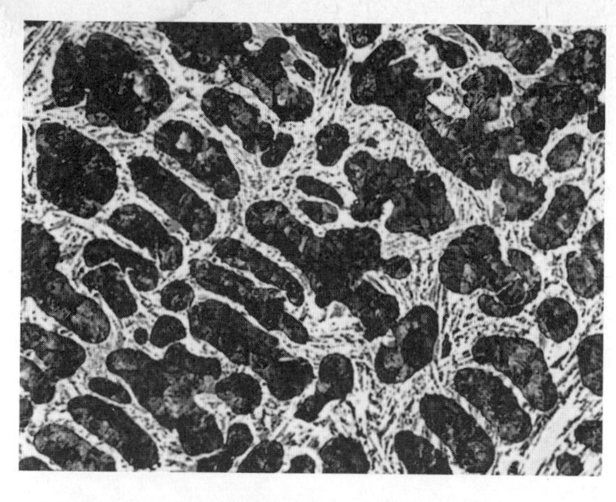

100:1
Bild 100. Untereutektisch; Perlit; Sekundärzementit, Ledeburit.

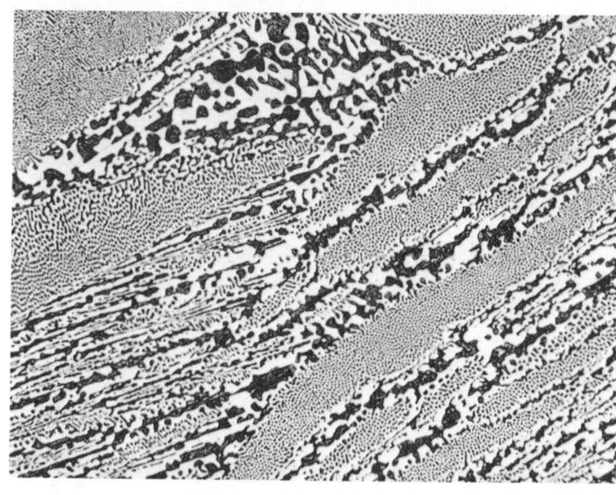

100:1
Bild 101. Eutektisch; Ledeburit.

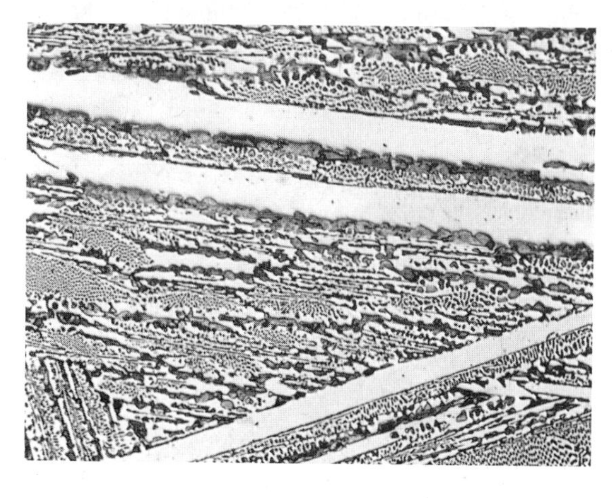

100:1
Bild 102. Übereutektisch Primärzementit in Ledeburit.

Bild 100–102. Mikrogefüge der Eisen-Eisenkarbid-Legierungen zwischen 2,06 und 6,67% Kohlenstoff.

verändern sich noch unterhalb der Eutektikalen *ECF*. Das Nachlassen des Lösungsvermögens der γ-Mischkristalle für Kohlenstoff bei sinkender Temperatur (von 2,06% C bei 1147° auf 0,8% C bei 723°) wirkt sich auch hier aus. Mit sinkender Temperatur stoßen alle γ-Mischkristalle, sowohl primär ausgeschiedene als auch im Eutektikum enthaltene, Kohlenstoff in der Verbindung Eisenkarbid ab, der sich an den bereits vorhandenen Zementit anlagert[1]. Unterhalb 723 °C (Linie *SK*) sind die γ-Mischkristalle nicht mehr beständig und zerfallen in Perlit. Bei Raumtemperatur sehen wir dann die in den Bildern 100 bis 102 gezeigten Mikrogefüge.

Diese Eisen-Eisenkarbid-Legierungen unterscheiden sich in ihren Eigenschaften erheblich von den Stählen. Wegen ihres hohen Gehaltes an hartem Zementit sind sie spröde und durch das bereits bei 1147 °C schmelzende Ledeburit-Eutektikum nicht mehr schmiedbar. Ein Vorteil dieser Legierung ist ihre gute Vergießbarkeit, bedingt durch den gegenüber dem Stahl niedrigeren Schmelzpunkt und das gute Formfüllungsvermögen des Eutektikums.

Da der Bruch von Gußstücken aus hochkohlenstoffhaltigen Eisen-Eisenkarbid-Legierungen durch den reichlich vorhandenen weißen Zementit hell erscheint, spricht man von *weißem Gußeisen*. Wegen der außerordentlichen Härte des Zementits ist weißes Gußeisen sehr hart, spröde und schwer bearbeitbar. Vollständig *weiß erstarrtes* Gußeisen wird deshalb fast nur als Vorstufe für die Herstellung von Temperguß und als Schalenhartguß benutzt.

2.14 Das Graphitsystem

Eisenkarbid ist unbeständig und zerfällt bei höheren Temperaturen, wenn man ihm durch langsames Abkühlen Zeit dazu läßt, in seine Elemente Eisen und Kohlenstoff, oder es bildet sich gar nicht erst und der Kohlenstoff tritt ohne den Umweg über das Eisenkarbid unmittelbar in der kristallisierten Form des Graphits auf. Langsame Abkühlung begünstigt also die Graphitausscheidung, schnelle Abkühlung die Bildung von Eisenkarbid. Der Graphit bildet unregelmäßige Blätter, die, je nachdem sie bei der Schliffherstellung geschnitten werden, als unregelmäßige Lamellen unterschiedlicher Breite im Gefüge liegen. Der dunkle Graphit läßt den Bruch dunkel erscheinen. Gußeisen, bei dem der Kohlenstoff überwiegend als Graphit auftritt, heißt deshalb *graues Gußeisen (Grauguß)*.

Das Erstarren des Gußeisens nach dem Eisenkarbid- oder Graphitsystem kann noch durch weitere Legierungselemente beeinflußt werden. So fördert Silizium die *graue* und Mangan die *weiße Erstarrung*.

Für Eisen-Kohlenstoff-Legierungen, die nach dem Graphitsystem erstarren, werden die Linien im Diagramm etwas verschoben (Bild 103). Die für die graue Erstarrung

---

[1] Der von den γ-Mischkristallen des Ledeburit-Eutektikums ausgeschiedene Zementit wird im Eisen-Kohlenstoff-Diagramm nicht aufgeführt. Die Tatsache, daß sich die γ-Mischkristalle des Eutektikums bei der Abkühlung im festen Zustand verändern, wird manchmal dadurch berücksichtigt, daß man von Ledeburit I (bei 1143 °C) und Ledeburit II oder zerfallenem Ledeburit (unter 723 °C) spricht.

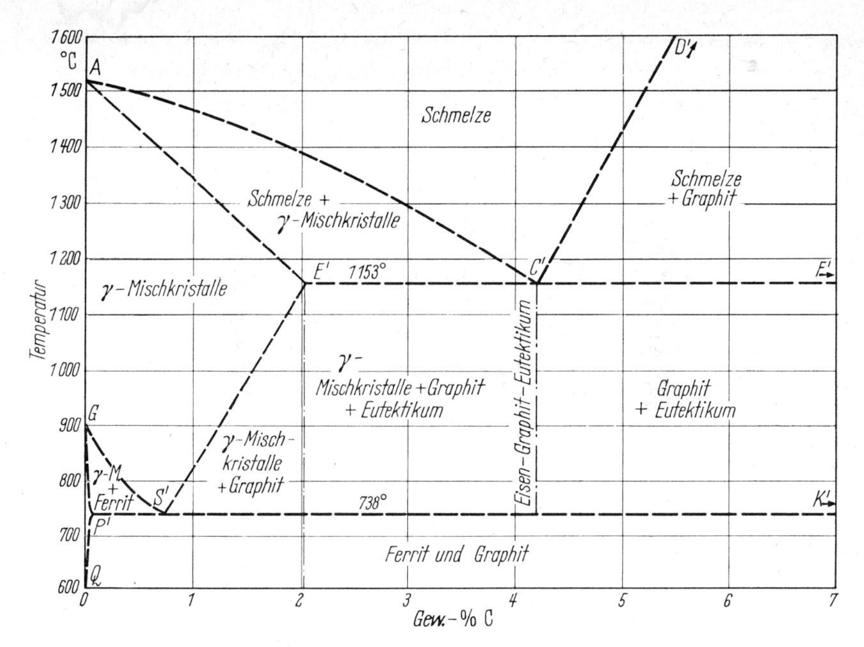

Bild 103. Das Zustandsschaubild Eisen-Graphit.

geltenden Punkte sind, soweit sie von den Punkten des Eisen-Zementit-Systems abweichen, mit einem Strich am Benennungsbuchstaben gekennzeichnet. Die Eisen-Kohlenstoff-Legierungen mit niedrigen Kohlenstoffgehalten erstarren gewöhnlich, auch bei langsamer Abkühlung, nach dem Eisenkarbidsystem (Stähle). Der Verlauf der Linien für die graue Erstarrung ist im Gebiet der niedrigen Kohlenstoffgehalte noch nicht völlig geklärt. Ferner sind die Legierungen mit mehr als 6% C wegen der großen Versuchsschwierigkeiten und des geringen Interesses der Praxis für diese Legierungen noch nicht erforscht.

Das Eisen-Graphit-Eutektikum erstarrt bei 1153 °C und liegt bei 4,25% Kohlenstoff (Punkt *C'*). Der Punkt *E*, jetzt *E'*, ist auf 2,03% Kohlenstoff gerückt. Untereutektische Legierungen zwischen 2,03 und 4,25% C, die nach dem Graphitsystem erstarren, scheiden zuerst wieder Mischkristalle aus der Schmelze aus. Bei der Temperatur der Eutektikalen (1153 °C) erstarrt die Restschmelze zu einem Eutektikum aus γ-Mischkristallen und Graphit. Die primär ausgeschiedenen γ-Mischkristalle und die γ-Mischkristalle des Eutektikums stoßen unterhalb der Eutektikalen mit nachlassendem Lösungsvermögen immer mehr Graphit *(Sekundärgraphit)* ab, der an die Graphitlamellen des Eutektikums ankristallisiert. Unterhalb der Linie *P'S'K'* (738 °C) zerfallen die γ-Mischkristalle, deren Kohlenstoffgehalt inzwischen auf etwa 0,69% zurückgegangen ist, zu Ferrit und Graphit. Diese zerfallenen γ-Mischkristalle müßten ähnlich dem Eisen-Eisenkarbid-Eutektoid (Perlit) aufgebaut sein. Solche Kristalle werden jedoch nicht gebildet, weil der beim Zerfall der γ-Mischkristalle entstehende Graphit an die bereits vorhandenen Graphitlamellen (eutektischer Graphit und Sekundärgraphit) ankristallisiert. Um dieser Tatsache gerecht zu werden und das Eisen-Graphit-Zustandsschaubild nicht zu wirklichkeitsfremd darzustellen, wurden im Diagramm Bild 103 unterhalb der Linie $P'S'K'$ (738 °C) keine getrennten Zustandsfelder aufgeführt.

Eutektische Legierungen (bei 4,25% C) erstarren ohne Primärausscheidungen unmittelbar zu einem Eutektikum aus γ-Mischkristallen und Graphit. Die γ-Mischkristalle scheiden bei weiterer Abkühlung wieder Sekundärgraphit aus und zerfallen unterhalb 738 °C.

Bei übereutektischen Legierungen beginnt die Erstarrung mit der primären Ausscheidung von Graphit, der reichlich Zeit und Gelegenheit hat, zu großen Blättern anzuwachsen, die sich als grober *Garschaumgraphit*[1] im Gefüge deutlich von dem bei der Erstarrung der Restschmelze entstandenen, feineren eutektischen Graphit abheben (Bild 104). Die Mischkristalle des Eutektikums machen auch hier die bekannte Umwandlung mit Ausscheidung und Zerfall durch.

Soweit die Theorie. Die Vorgänge bei der Erstarrung nach dem Graphitsystem laufen sehr träge ab. In der Praxis beginnen solche Legierungen zwar grau zu erstarren, folgen dann aber weiter dem Eisen-Eisenkarbid-System. Das Gefüge des grauen Gußeisens sieht dann meist so aus, wie Bild 105 zeigt. In einer stahlartigen perlitischen oder perlitisch-ferritischen Grundmasse liegen die Graphitlamellen, die bei der zuerst nach dem Graphitsystem verlaufenden Erstarrung entstanden sind. Die Graphitblätter unterbrechen die stahlartige Grundmasse und setzen dadurch ihre Festigkeit stark herab.

Der Graphit kann durch Impfung der Schmelze mit Magnesium veranlaßt werden, nicht in Blättern auszukristallisieren, sondern sich zu Kugeln zusammenzuballen. Die Graphitkugeln trennen das Gefüge des Grundwerkstoffes nicht so stark, wie

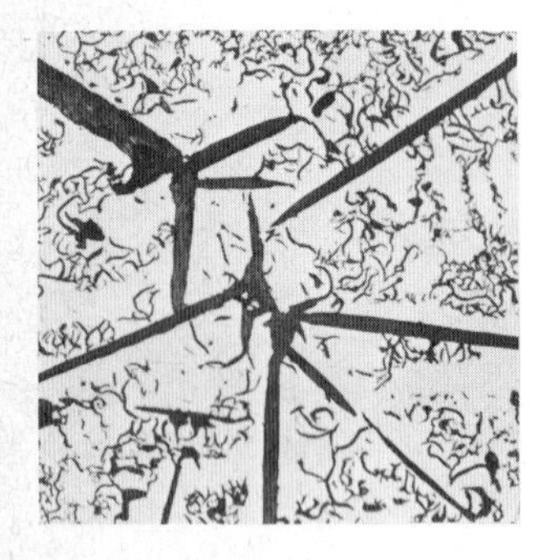

100:1
Bild 104. Garschaumgraphit und eutektischer Graphit (ungeätzt).

100:1
Bild 105. Graues Gußeisen mit perlitischer Grundmasse.

[1] Der primär ausgeschiedene Graphit hat ein wesentlich geringeres spezifisches Gewicht als die Schmelze und steigt deshalb an die Oberfläche, wo er sich als Schaum ablagert.

100:1
Bild 106. Kugelgraphitguß mit perlitischer Grundmasse.

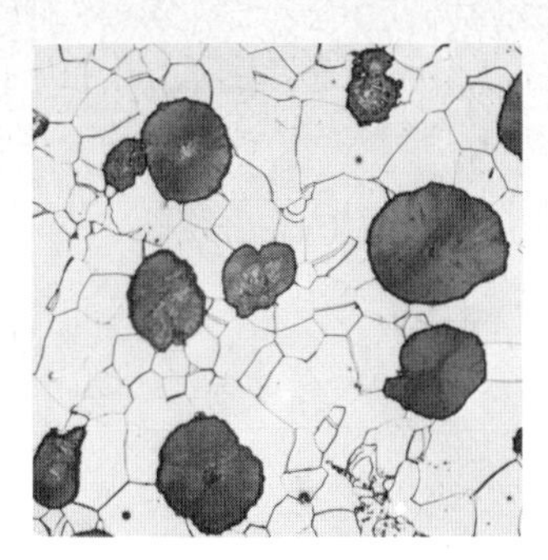

100:1
Bild 107. Geglühter Kugelgraphitguß mit ferritischer Grundmasse.

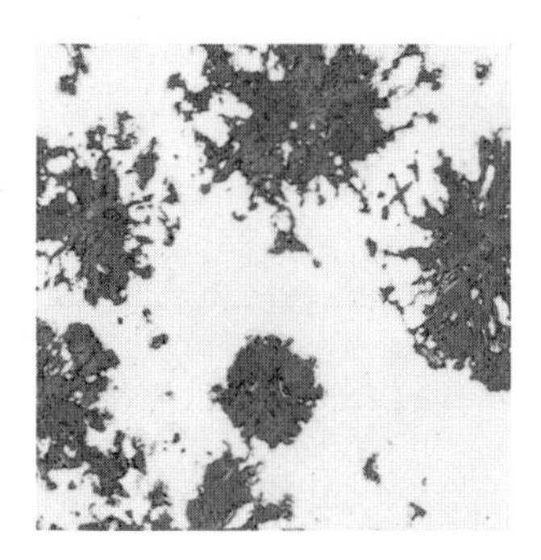

100:1
Bild 108. Graphitausbildung in Kugelgraphitguß bei zu hohem Magnesiumanteil (explodierender Graphit, ungeätzt).

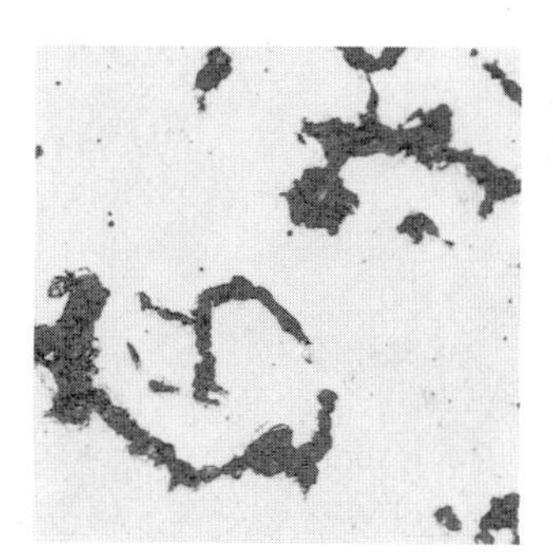

100:1
Bild 109. Graphitausbildung in Kugelgraphitguß bei zu geringem Magnesiumanteil (Vermiculargraphit, ungeätzt).

die Graphitblätter des einfachen Graugusses. Im *Kugelgraphit-Guß*[2] (Bild 106) hat man einen Werkstoff gefunden, der nahezu Stahleigenschaften hat, sich aber als Gußeisen leicht vergießen läßt.

Gußeisen mit lamellarem Graphit ist deshalb noch nicht überflüssig geworden. Es ist wirtschaftlicher, den billigeren Grauguß dort zu verwenden, wo die guten Festigkeitseigenschaften des Sphärogusses nicht ausgenutzt werden. Außerdem hat Gußeisen mit Lamellengraphit bessere Dämpfungsfähigkeit und läßt sich leichter zerspanen.

---

[2] Auch Sphäroguß oder sphärolithisches Gußeisen genannt. Sphäroguß ist ein Warenzeichen der Metallgesellschaft AG für Gußeisen mit Kugelgraphit, das unter Lizenz der The Mond Nickel Company Limited hergestellt wird.

Wenn die Grundmasse eines Gußeisens mit Kugelgraphit besonders weich sein soll, kann man die Karbidplatten des Perlits durch langzeitiges Glühen in der Nähe des A_1-Punktes zum Zerfall bringen. Der freiwerdende Kohlenstoff lagert sich an den Graphitkugeln an. Die Grundmasse wird ferritisch und damit weicher und zäher. Bild 107 zeigt das Mikrogefüge eines durch Glühen rein ferritisch gewordenen Kugelgraphitgusses. Dieser Mikroschliff wurde der in Bild 110 gezeigten Verdrehprobe entnommen. Die Probe wurde aus einem Flachstab nicht nur einmal in ihre Form gebracht, sondern mehrmals in beiden Richtungen verdreht, ohne zu brechen.

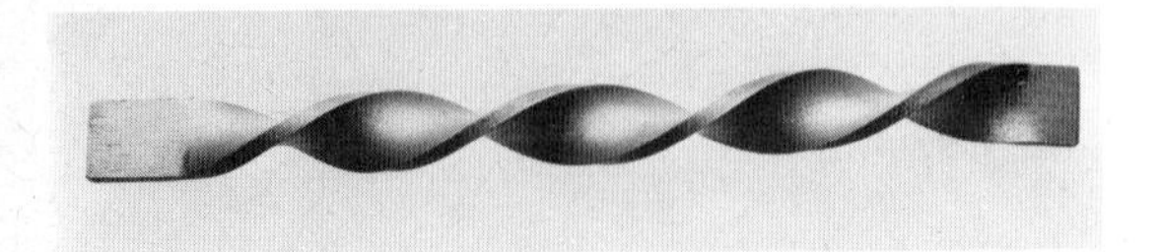

1:2

Bild 110. Verdrehprobe aus geglühtem Kugelgraphitguß.

Um die Kugelform des Graphits zu gewährleisten, muß der Magnesiumzusatz zwischen 0,04 und 0,07% liegen. Bei zu hohem Magnesiumgehalt tritt auseinandergerissener *explodierender Graphit* auf (Bild 108), während sich bei zu geringem Magnesiumanteil zwischen Lamellen- und Kugelform liegender wurmartiger *Vermiculargraphit* bildet (Bild 109)[1].

Eine ähnliche Zusammenballung des Kohlenstoffs erreicht man durch das *Tempern.* Die Gußstücke werden hier bewußt weiß gegossen und anschließend je nach Wanddicke bis zu 60 Stunden geglüht *(getempert)*. Es sind zwei Verfahren bekannt.

Schwarzer Temperguß entsteht durch Glühen der durch reaktionsträges Schutzgas (Inertgas) gegen die Außenluft abgeschirmten *Rohgußstücke* bei etwa 900 °C. Das

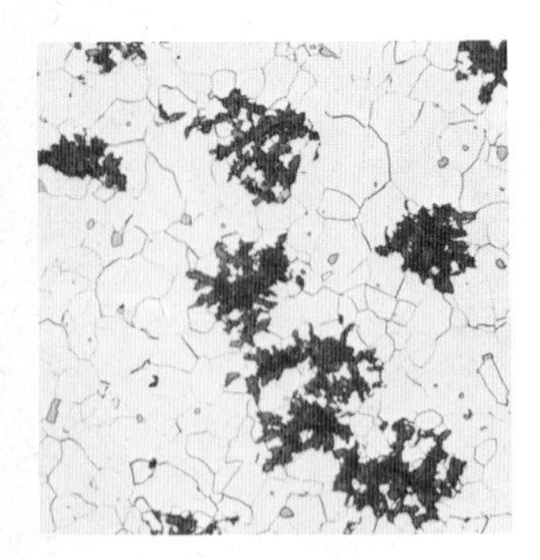

100:1

Bild 111. Schwarzer Temperguß. Temperkohle in ferritischer Grundmasse.

---

[1] Jähning, W.: Metallographie der Gußlegierungen. Leipzig: 1971. VEB Deutscher Verlag für Grundstoffindustrie.

Eisenkarbid zerfällt hierbei vollständig, und der freiwerdende Kohlenstoff ballt sich zu *Temperkohle* zusammen (nicht abkohlendes Glühen). Wie Bild 111 zeigt, wird dadurch ein ähnliches Gefüge erzeugt, wie beim Kugelgraphitguß. Der durch die Temperkohle dunkel gefärbte Bruch hat dem Guß seinen Namen gegeben.

Weißer Temperguß wird durch Glühen der Rohgußstücke bei etwa 1000 °C in einer abkohlenden Gasatmosphäre (Oxidgas) hergestellt. Der beim Zerfall des Eisenkarbids in den Randzonen frei werdende Kohlenstoff wird dadurch dem Gußstück entzogen (abkohlendes Glühen), während sich im Kern ein Mischgefüge aus Temperkohle, Ferrit und Perlit bildet. Dünnwandige Gußstücke werden dabei so stark abgekohlt, daß nur noch ferritisches Gefüge zurückbleibt.

2.15 Das Zustandsschaubild Eisen-Kohlenstoff

Wenn wir die einzeln besprochenen Teile des Zustandsschaubildes der Eisen-Kohlenstoff-Legierungen zusammensetzen, haben wir das gesamte Zustandsschaubild vor uns (Bild 112). Bei der Auswertung brauchen wir nur das anzuwenden, was wir bisher gelernt haben.

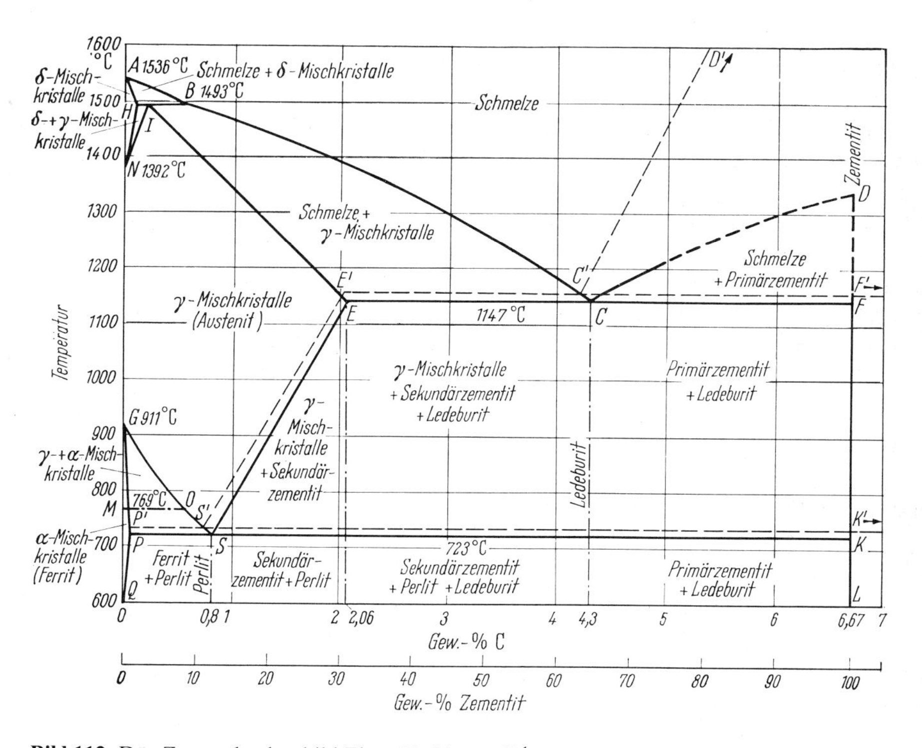

Bild 112. Das Zustandsschaubild Eisen-Kohlenstoff.[1]

[1] Nach F. Körber, W. Oelsen, H. Schottky und H.-J. Wiester, neu bearbeitet von D. Horstmann.

Da das aus Eisen und Graphit bestehende Gefüge die stabilste Form der Eisen-Kohlenstoff-Legierungen ist, wird das Graphitsystem (– – – – gestrichelte Linien) das *stabile System* genannt. Das für die Legierungen zwischen Eisen und dem weniger stabilen Eisenkarbid geltende *metastabile System* ist mit kräftigen Linien dargestellt, weil es, besonders auf der Stahlseite, für die Praxis das wichtigere ist. Aus demselben Grunde sind in die einzelnen Zustandsfelder nur die metastabilen Gefügeformen eingetragen.

Aus dem Gesamtdiagramm werden uns jetzt die verschiedenen Zementitarten verständlich. Der innere Aufbau des Zementits ist in allen Fällen gleich. Unterschiede bestehen jedoch in der äußeren Form und in der Größe. *Primärzementit* scheidet sich rechts vom eutektischen Punkt *C* unmittelbar aus der Schmelze aus. *Sekundärzementit* scheidet sich im festen Zustand unterhalb 1147 °C bis herab zu 723 °C rechts der Linie *ES* aus den γ-Mischkristallen aus. *Tertiärzementit* scheidet sich unterhalb 723 °C aus den α-Mischkristallen aus.

Die bisher noch nicht erwähnte Linie *MO* bei 769 °C ist die Grenze zwischen dem magnetischen und unmagnetischen Zustand. Vom Punkt *O* ab fällt diese Grenze und verläuft dann weiter längs der Linie *OSK*.

2.16 Die Umwandlung der δ-Mischkristalle

Wir erinnern uns noch, daß reines γ-Eisen nur bis 1392 °C beständig ist und sich bei dieser Temperatur in δ-Eisen umwandelt. δ-Eisen ist aus kubisch raumzentrierten Würfeln aufgebaut. Diese Würfel unterscheiden sich von den bis 911 °C bestehenden, ebenfalls raumzentrierten α-Würfeln nur durch einen etwas größeren Gitterabstand. Die Aufweitung des Gitters wird durch den größeren Platzbedarf der bei höherer Temperatur stärker schwingenden Atome verursacht.

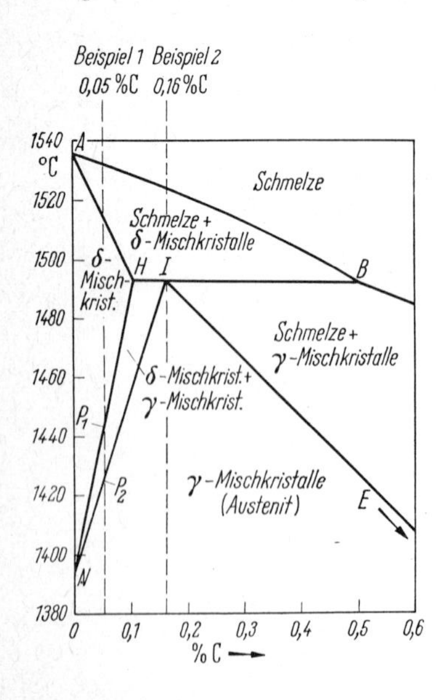

Bild 113. Die Umwandlungen der δ-Mischkristalle.

δ-Eisen bildet mit Kohlenstoff Mischkristalle. Durch seinen Gitteraufbau bedingt, hat es jedoch nur ein geringes Lösungsvermögen. Im günstigsten Falle, bei 1493 °C können sich 0,1 % Kohlenstoffatome zwischen die Eisenatome der δ-Würfel quetschen.

Die Umwandlungen der δ-Mischkristalle verschiedener Konzentration wollen wir uns an Abkühlungsbeispielen klar machen (Bild 113).

1. Beispiel: *Legierung mit 0,05 % Kohlenstoff.* Oberhalb der Linie *AB* (Liquiduslinie) ist alles flüssig. Wenn die Liquiduslinie unterschritten wird, beginnen sich aus der Schmelze δ-Mischkristalle auszuscheiden. Nach d—r vollständigen Erstarrung besteht das Gefüge unterhalb *AH* (Soliduslinie) nur aus δ-Mischkristallen. Die $\delta \rightleftharpoons \gamma$-Umwandlung des Eisens wird durch den Kohlenstoff zu höheren Temperaturen verschoben (Linie *NH*). Wenn unsere abkühlende Legierung im Punkt P_1 die Linie *NH* schneidet, entstehen aus den δ-Mischkristallen die ersten γ-Mischkristalle. Im Punkt P_2 haben sich alle δ-Mischkristalle in γ-Mischkristalle (Austenit) umgewandelt. Wir sind in dem uns bereits bekannten Austenitgebiet angelangt.

2. Beispiel: *Legierung mit 0,16 % Kohlenstoff.* Es bilden sich zunächst wieder unterhalb *AB* aus der Schmelze δ-Mischkristalle. Die waagerechte Linie *HB* ist eine Peritektikale. Wenn die abkühlende Legierung diese Linie erreicht, reagieren die bis dahin ausgeschiedenen δ-Mischkristalle mit der Restschmelze und bilden γ-Mischkristalle. Bei der Konzentration 0,16 % Kohlenstoff ist das Verhältnis zwischen Restschmelze und δ-Mischkristallen im Punkt *I* gerade so abgestimmt, daß beide Teile bei der Umsetzung vollständig verbraucht werden. Nach der peritektischen Reaktion besteht die Legierung nur noch aus γ-Mischkristallen (Austenit).

3. Beispiel: *Legierungen zwischen H und I* (0,1—0,16 % C). Bei diesen Legierungen sind mehr δ-Mischkristalle vorhanden, als für die peritektische Reaktion benötigt werden. Es treten deshalb unter der Peritektikalen im Zustandsfeld *HNI* noch δ-Mischkristalle neben den peritektisch gebildeten γ-Mischkristallen auf. Diese δ-Mischkristalle wandeln sich mit sinkender Temperatur in γ-Mischkristalle um, bis sie schließlich beim Unterschreiten der Linien *IN* vollständig verschwunden sind und das Gefüge rein austenitisch ist.

4. Beispiel: *Legierungen zwischen I und B* (0,16—0,51 % C). Hier ist mehr Schmelze vorhanden, als für die peritektische Reaktion benötigt wird. Nach der peritektischen Reaktion bestehen, deshalb noch unterhalb der Peritektikalen γ-Mischkristalle und Schmelze nebeneinander. Aus der weiter abkühlenden Schmelze scheiden sich weitere γ-Mischkristalle unmittelbar aus, bis bei der Soliduslinie (*IE*) alles zu γ-Mischkristallen (Austenit) erstarrt ist.

3 Metallographische Arbeitsverfahren

Die folgenden Ausführungen beschränken sich auf einige einfache, häufig angewandte Verfahren. Es muß aber erwähnt werden, daß die metallographische Probenvorbereitung mitunter sehr schwierig sein kann und viel Erfahrung und Fingerspitzengefühl erfordert.

Alle mit „Makro“ beginnenden metallographischen Bezeichnungen, wie Makroschliff, Makroätzmittel usw., beziehen sich auf Prüfverfahren, deren Ergebnisse mit dem bloßen Auge oder bei geringer Vergrößerung ausgewertet werden. Als obere Grenze der Makroskopie wird häufig die *Vergrößerung 10:1* angegeben. Bei stärkeren Vergrößerungen spricht man von „Mikro“-Untersuchungen.

3.1 Probenvorbereitung

Die Vorbereitung einer Probe für die metallographische Untersuchung beginnt mit der *Entnahme* aus dem Werkstück. Weiche Stücke können *gesägt* werden. Scherenschnitte sind wegen der damit verbundenen Kaltverformung ungeeignet. Von spröden Materialien läßt sich oft ein geeignetes Stück *abschlagen.* Harte Werkstoffe müssen mit *Trennmaschinen* (Bild 114)[1] auf die gewünschte Größe geschnitten werden. Hierbei ist für ausreichende Kühlung zu sorgen, damit sich das Gefüge der Probe nicht durch Wärmeeinfluß verändert. Wird eine Probe mit dem *Schneidbrenner* entnommen, muß das herausgeschnittene Stück so groß sein, daß die für einen Mikroschliff vorgesehene Stelle mit Sicherheit nicht durch die Schneidhitze beeinflußt wird. Der eigentliche Schliff wird dann aus diesem Stück herausgesägt.

Außerdem sind bei der Probennahme richtungsabhängige Gefügeunterschiede zu berücksichtigen. Bild 115 zeigt als Beispiel Schliffe aus einem „harten Kupferrohr“. Im Längsschliff ist der Einfluß der Kaltverformung an den gereckten, in Ziehrichtung orientierten Körnern deutlich zu erkennen. Aus der Gefügeaufnahme vom Querschliff könnte dagegen fälschlich auf ein „blankgeglühtes Ringrohr“ geschlossen werden.

---

[1] Zur Erläuterung der Ausführungen werden auch Abbildungen verschiedener metallographischer Hilfseinrichtungen als Beispiele wiedergegeben. Ein Werturteil gegenüber den sonst auf dem Markte befindlichen Fabrikaten soll damit in keiner Weise ausgesprochen werden.

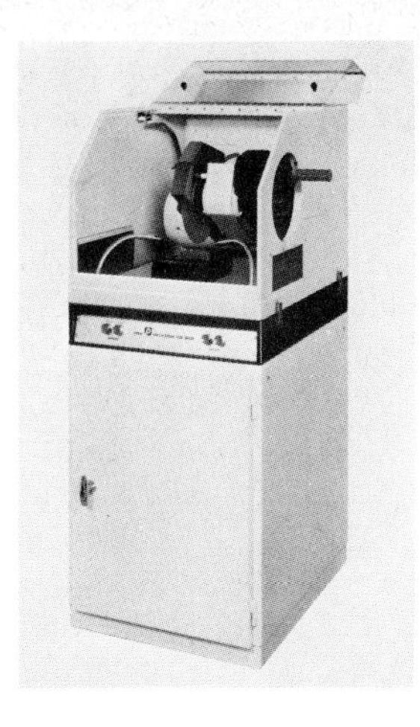

Bild 114. Trennmaschine für metallographische Proben (Presi/P. F. Dujardin).

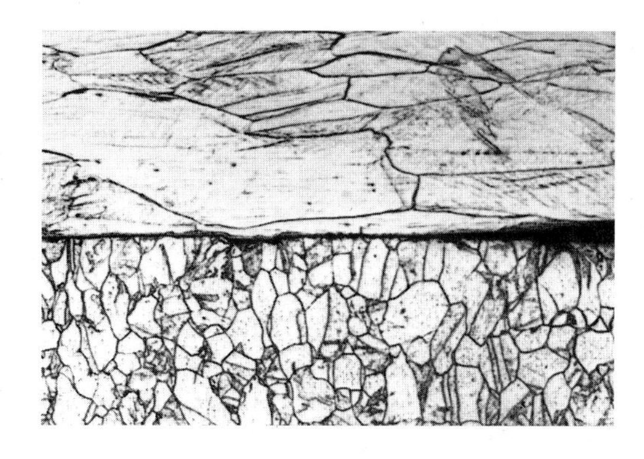

100:1
Bild 115. Längsschliff (oben) und Querschliff (unten) aus einem „harten Kupferrohr".

Beim Entnehmen von Proben für makroskopische Untersuchungen braucht nicht mit so großer Sorgfalt gearbeitet zu werden wie bei der Vorbereitung von *Schliffen* für die mikroskopische Betrachtung. Aber auch hier ist Vorsicht angebracht, vor allem, wenn die Proben mit dem Schneidbrenner entnommen werden.

Proben, die eine handliche Form haben und bei denen eine Betrachtung des Randes nicht nötig ist, können ohne Einklammern geschliffen werden. Um zu verhindern, daß Schleifpapiere oder Poliertücher einreißen, werden Ecken und Kanten gebrochen. Proben, bei denen der Rand untersucht werden soll, oder auch sehr kleine Proben werden *eingeklammert* (Bild 116). Um unterschiedliche Abtragung beim Polieren und

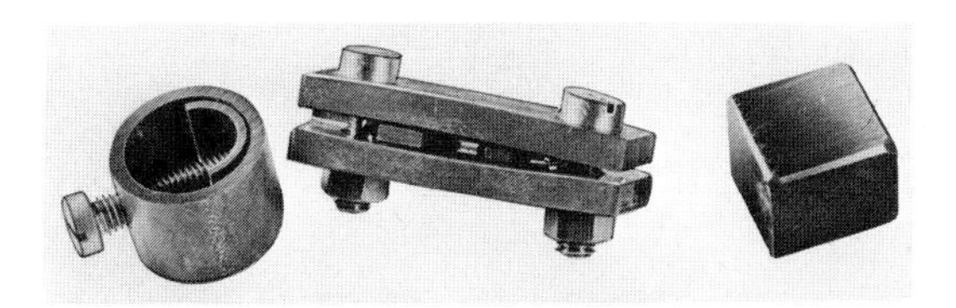

Bild 116. Eingeklammerte Proben und Probe mit gebrochenen Kanten.

Elementbildung beim Ätzen zu verhindern, müssen Klammern- und Probenmaterial aufeinander abgestimmt sein.

Für das Fassen sehr kleiner oder zum Einklammern ungünstig geformter Proben haben sich *Kunstharzpreßmassen* bewährt, in die in einer Presse (Bild 117) unter Druck und Temperatur die Proben eingebettet werden (Bild 118). Dieses Verfahren eignet sich nur für Proben, bei denen bis 100 °C nicht mit Gefügeänderungen zu rechnen ist.

Bild 117. Hydraulische Presse zum Einbetten kleiner Proben in Kunstharz (Buehler-Met).

Bild 118. In durchsichtige Kunstharzpreßmasse eingebettete Proben.

Bild 119. Geräteanordnung für galvanische Probeneinbettung.

Es sind auch *kalt vergießbare Einbettmassen* im Handel, für die man keine Presse benötigt. Diese Einbettmassen müssen vor dem Vergießen mit einem Härter gemischt werden. Als Gußform eignen sich z. B. Rohrabschnitte. Wenn die Innenwand der Gußform dünn mit Silikopaste eingerieben wird, kann man den fertigen Gießling später leicht herausdrücken.

Äußerste Randschärfe läßt sich durch *galvanische Einbettung* erreichen. Als Beispiel wird das galvanische Einbetten in Kupfer beschrieben (Bild 119).

Probe gründlich mit Äther entfetten. Zunächst in Bad *A* (Tabelle 1) eine dünne zyanidische Kupferschicht auftragen, um die Probe vor einem Angriff durch das stark saure Verkupferungsbad *B* (Tabelle 2) zu schützen.

Die errechneten Stromstärken (Gleichstrom) genau einhalten. Abweichungen verursachen schlecht haftende Schichten und Knospenbildung. Das Bad zeitweilig mit einem Glasstab oder Rührwerk bewegen. Frisch angesetzte zyanidische Bäder sind manchmal träge. Sie können durch Zusetzen kleiner Mengen alten Bades angeregt werden.

In dieser Weise lassen sich alle Metalle mit Ausnahme von Aluminium und Magnesium verkupfern.

Tabelle 1. *Bad A (für die zyanidische Schutzschicht)*[1]

Kupferzyanid	22,5 g
Natriumzyanid	34,0 g
Natriumkarbonat	15,0 g
Wasser	1000 ml
Stromdichte	0,002 A/cm²
Temperatur	30–40 °C
Kathode	Probe
Anode	Kupfer

Tabelle 2. *Bad B (für die Verkupferung)*[1]

Kupfersulfat	250 g
Konz. Schwefelsäure	40 ml
Wasser	1000 ml
Stromdichte	0,02–0,04 A/cm²
Temperatur	Raum
Kathode	Probe
Anode	Kupfer

3.2 Schleifen, Polieren und Ätzen

Die herausgearbeiteten und, wenn nötig, eingebetteten Proben werden, je nach vorhandenem Werkzeug, plangedreht, gehobelt, gefeilt oder an einem Schleifstein vorgeschliffen (Vorsicht Wärmeeinfluß). Anschließend wird an einer *Schleifmaschine* auf Schmirgelpapieren beginnend etwa mit den Körnungen 120 und 180 weitergearbeitet.

Bei der Anfertigung von *Mikroschliffen* die Proben beim Wechseln der Körnungen um 90° drehen. Die Schliffe nicht auf der Scheibe bewegen, sondern mit leichtem Druck an einer Stelle festhalten. So entsteht ein klarer Strich, dessen Verschwinden

[1] Kehl: The Principles of Metallographic Laboratory Practice. New York: McGraw-Hill 1949.

beim Schleifen senkrecht dazu mit der nächsten Körnung gut beobachtet werden kann. Beim Übergang von einer Schleifpapierkörnung zur nächstfeineren die Proben gründlich mit einem weichen Pinsel reinigen.

Ab Körnung 220 kann auch von Hand weitergeschliffen werden, und zwar bei Mikroproben wieder senkrecht zur vorhergehenden Richtung. Das Papier wird hierzu in einen Schleifbock eingespannt oder auf eine ebene Glasplatte gelegt. Es folgen dann unter jeweiligem Wechsel der Schleifrichtung und gründlichem Gebrauch des Pinsels die Körnungen 320, 500, 1000.

Bild 120. Naßschleifmaschine (Struers).

Staubfreies Schleifen ermöglichen *Naßschleifmaschinen* (Bild 120). Hier wird wasserfestes Siliziumkarbidpapier in den Körnungen 180, 220, 320, 500, 1000[1] benutzt. Den Schleifstaub spült ständig über die Papiere laufendes Wasser weg. Man kann deshalb von einer Körnung auf die andere übergehen, ohne die Proben vorher zu reinigen.

Bei *Makroproben* ist es nicht nötig, wie bei Mikroschliffen, beim Übergang von einer Körnung zur nächsten die Probe um 90° zu drehen. Es genügt, wenn man

Bild 121. Diamant-Poliermaschine (Ernst Winter & Sohn).

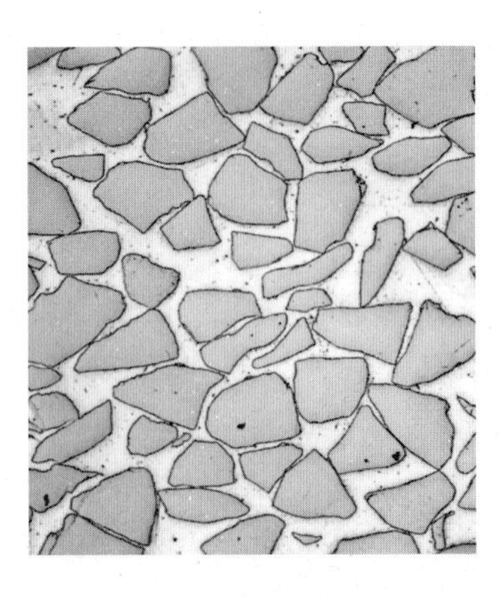

20:1

Bild 122. Hartmetallkörner in weichem Neusilberlot (Tränklegierung). Geschliffen und poliert mit Diamantpasten.

---

[1] FEPA-Norm, entsprechende Korngrößen in µm 75, 65, 46, 30, 18

etwas schräg zur letzten Schleifrichtung weiterschleift oder an Maschinen mit runden Scheiben die Probe jeweils um 180° dreht.

Polieren und *Ätzen* gehören als Arbeitsgänge zusammen. Beim Schleifen der Probe bildet sich eine Bearbeitungsschicht. Durch abwechselndes Polieren und Ätzen wird diese Schicht abgetragen und das wirkliche Gefüge erscheint.

Die bis Körnung 600 geschliffene Probe muß vor dem Polieren gründlich mit Wasser abgespült werden. Außerdem ist es wichtig, Hände und Fingernägel zu reinigen, um Schleifstaub vom Poliertuch fernzuhalten.

An *Poliermaschinen* wird mit filz- und samtbespannten Polierscheiben gearbeitet. Als *Poliermittel* spritzt man ab und zu *Tonerde* auf die Scheiben. Stahl, Gußeisen und andere harte Proben werden unter ständigem Drehen auf der Filzscheibe poliert, weichere Metalle wie Kupfer, Messing usw. anschließend mit feinerer Tonerde noch auf Samt. Das Polieren mit Tonerde wird meist nur noch kombiniert mit anderen Verfahren benutzt.

Diamantpasten für die spezielle Poliertücher im Handel sind, tragen das Material schnell und gleichmäßig ab. Bei Werkstoffen mit sehr unterschiedlich harten Gefügebestandteilen wird dadurch unerwünschte *Reliefbildung* vermieden (Bilder 121 und 122). Diamantpasten für metallographische Zwecke sind wasserlöslich und können deshalb leicht vom Schliff entfernt werden. Bei allen Arbeitsgängen ist auf größte Sauberkeit zu achten, damit keine Diamantkörner auf eine Scheibe übertragen werden, die mit einer feineren Körnung präpariert ist.

Als automatisches Verfahren hat sich neben Aufsetzautomatiken zu den üblichen Poliermaschinen das Vibrationspolieren (Bild 123) eingeführt. Hier ist eine mit Poliertuch bespannte Scheibe über ein Federsystem mit einer massiven Grundplatte verbunden. Die Grundplatte kann mit einem Elektromagneten in Vibration versetzt werden. Bei richtiger Einstellung der Frequenz kreisen die eingebetteten und in Probengewichte eingesetzten Schliffe unter gleichzeitiger Drehung um die eigene Achse. Sie werden dabei auf dem meist mit in Wasser aufgeschlämmter Tonerde präparierten Tuch poliert.

Das Bestreben, die für mikroskopische Untersuchungen häufig notwendige Schärfe an den Schliffrändern und in der Umgebung von Hohlräumen weiter zu verbessern, hat in der Metallographie der weichen Metalle zu Versuchen geführt, Mikroschliffe

Bild 123. Vibrations-Poliermaschine (Jean Wirtz).

Bild 124. Schlittenmikrotom mit Fräsaufsatz (R. Jung).

auch durch Überschneiden mit Mikrotomen herzustellen. Heute werden für diesen Zweck mit Diamantmessern arbeitende Hartschnittmikrotome und mit einem zweischneidigem Fräsaufsatz (Vor- und Fertigschnitt) versehene Ultrafräsen angeboten. Mit dem Fräsaufsatz können erheblich größere Schliffflächen bearbeitet werden als mit dem Diamantmesser[1].

Vor dem Ätzen muß der Schliff, auch wenn nur zwischengeätzt werden soll, unter fließendem Wasser gründlich von anhaftendem Poliermittel gereinigt werden. Wenn ein *wäßriges Ätzmittel* benutzt wird, kann man die nasse Probe unmittelbar ätzen. Handelt es sich um eine *alkoholische Lösung*, muß der Schliff vorher durch Abspritzen mit Spiritus vom Wasser befreit werden. Die Probe wird mit der polierten Fläche in das Ätzmittel eingetaucht und etwas bewegt. Bei Lösungen, die die Haut

Bild 125. Ätzschalen aus Glas, Ätzschale aus Kunststoff für Flußsäure enthaltende Ätzmittel, Ätzzange, Polyäthylen-Spritzflasche.

Bild 126. Exsikkator zur Aufbewahrung metallographischer Proben.

[1] Ellsner, G.; Kiessler, G.; Gessner, L.: Die Anwendung der Ultrafräse in der metallographischen Probenpräparation. Praktische Metallographie 14 (1977) H. 9, S. 445–461.

angreifen, müssen Ätzzangen aus rostsicherem Stahl oder Nickel benutzt werden. Bild 125 zeigt einige Geräte, die beim Ätzen gebräuchlich sind.

Schliffe, die sich längere Zeit halten sollen, können vor Luftfeuchtigkeit in einem *Exsikkator* (Bild 126) geschützt werden, dessen unterer Teil mit wasseranziehendem *Kieselgel* gefüllt ist. Frisches dunkelblaues Kieselgel wird heller, wenn es Wasser aufnimmt. Verbrauchtes Kieselgel kann getrocknet und wieder neu benutzt werden. Die Proben liegen auf einer durchlochten Glasplatte. Der Sitz des eingeschliffenen Exsikkatordeckels muß ab und zu gereinigt und neu eingefettet werden.

3.3 Ätzbeispiele

Makroätzmittel für unlegierte und niedriglegierte Stähle.

Alkoholische Salpetersäure
  90 ml Spiritus
  10 ml konz. Salpetersäure

Nicht mit rauchender Salpetersäure (Dichte über 1,4) ansetzen, da es hierbei zu einer heftigen Reaktion unter Entwicklung nitroser Dämpfe kommen kann. Die Säure in den Spiritus gießen, nicht umgekehrt!

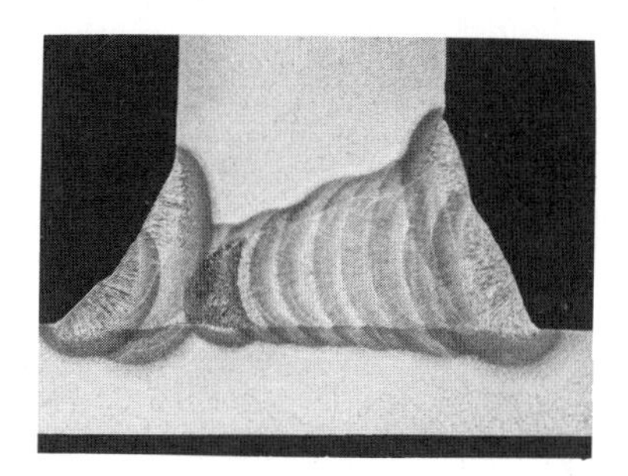

1:2
Bild 127. Lichtbogen-Stutzeneinschweißung an Kesselblech H III. Geätzt mit 10%iger alkoholischer Salpetersäure.

Außer Schweißnähten (Bild 127) können Seigerungen, Primärstrukturen, die Tiefe gehärteter Oberflächenschichten, abgekohlte Zonen, Gefügeunterschiede in Gußeisen, z. B. in Schalenhartguß, sichtbar gemacht werden.

Die Lösung je nach Angriff 1 bis 5 min auf der geschliffenen Fläche verteilen. Anschließend die Probe unter fließendem Wasser mit einem Wattebausch abreiben, dann mit Spiritus abspritzen und möglichst unter einem Föhn trocknen.

Makroätzmittel für alle Stähle, Nickelwerkstoffe, Kupfer und Kupferlegierungen.

Ätzmittel nach Adler
a) 3 g Ammoniumchlorocuprat (II)
   25 ml dest. Wasser
b) 15 g Eisen(III)-chlorid
   50 ml konz. Salzsäure

Erst wenn alles vollständig gelöst ist, Lösung b in Lösung a schütten.

Vielseitiges Ätzmittel für unlegierte, niedriglegierte und hochlegierte Stähle, Nickelwerkstoffe, Kupfer- und Kupferlegierungen. Neben Schweißnähten lassen sich auch hier noch sichtbar machen: Seigerungen, Primärstrukturen (Bild 128), aufgehärtete Zonen usw.

1:2

Bild 128. Querschliff aus einer gegossenen Turbinenschaufel aus G-X25CrNiSi189. Geätzt wird mit dem Ätzmittel nach Adler.

Bei größeren Schliffen vor dem Ätzen Wasser über die Schlifffläche laufen lassen. Auf dem nassen Schliff verteilt sich das Ätzmittel schnell und gleichmäßig, wodurch Fleckenbildung vermieden wird; sonst wie Salpetersäureätzung.

Unlegierte und niedriglegierte Stähle werden von der Adler-Lösung stärker angegriffen als von der 10%igen Salpetersäure. Der Angriff ist manchmal so kontrastreich, daß Fehler vorgetäuscht werden. Wenn bei solchen Proben klarere Ätzbilder gewünscht werden, ist die Ätzung mit alkoholischer Salpetersäure vorzuziehen.

Makroätzmittel für Aluminium und Aluminiumlegierungen.

10 ml dest. Wasser
10 ml konz. Salzsäure
10 ml konz. Salpetersäure
2,5 ml Flußsäure (38—40%ig)

Vorsicht beim Umgang mit Flußsäure! Spritzer auf der Haut sofort gründlich mit Wasser abspülen. Die Lösung in einer Hartgummi- oder Kunststoffflasche aufbewahren, weil Flußsäure Glas angreift. Es ist außerdem zu empfehlen, Ätzschalen aus Hartgummi oder Kunststoff zu benutzen.

Das Ätzmittel eignet sich zum Sichtbarmachen von Schweißnähten an Aluminium und Aluminiumlegierungen (Bild 129) und zur makroskopischen Bestimmung von Korngröße, Walzrichtung und Faserverlauf.

1:1

Bild 129. Reibschweißverbindung an Aluminium. Geätzt mit dem Makroätzmittel für Aluminium und Aluminiumlegierungen.

Bei Trockenschliff Schleifpapiere mit Vaseline einfetten. Das Ätzmittel möglichst unter einem Abzug so auf dem entfetteten Schliff verreiben, daß die ganze Schlifffläche ständig mit Lösung bedeckt ist. Das Ätzmittel reagiert mit dem Probenwerkstoff unter starker Wärmeentwicklung. Wenn die Lösung aufbraust, ist die Ätzung beendet.

Schwefelabdruck nach Baumann.

95 ml Wasser
5 ml konz. Schwefelsäure

Probe trocken bis Körnung 220 schleifen. Geschliffene Fläche nicht mit den Fingern berühren und vor Verunreinigungen schützen.

Bromsilberpapier (fotografisches Vergrößerungspapier) etwa 5 min in der Schwefelsäurelösung tränken. Dann das Papier an der Gefäßkante abstreiben, mit der Schichtseite auf die Probe legen und mit leichtem Druck anstreichen. Nach 1 bis 2 min wird das Papier abgehoben, gründlich mit Wasser abgespült, 15 min fixiert, dann etwa $^1/_2$ h gewässert und anschließend getrocknet.

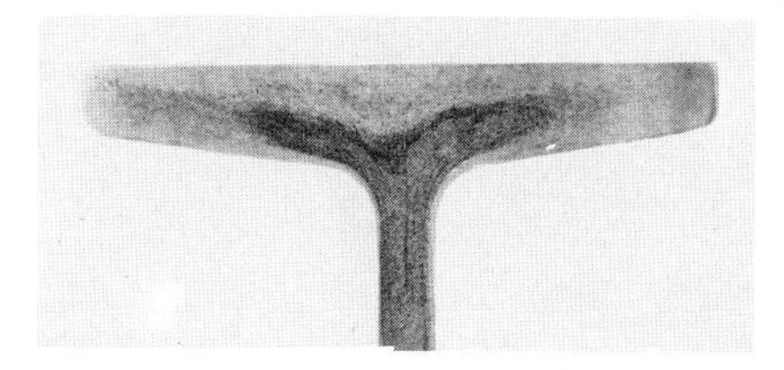

1:3

Bild 130. Baumann-Abdruck vom Querschnitt eines Trägers aus geseigertem Stahl.

Wenn die mit Säure getränkte Schicht des Bromsilberpapieres auf die geschliffene Fläche gelegt wird, bildet sich durch Reaktion der Schwefelsäure mit den sulfidischen Einschlüssen des Stahles zuerst Schwefelwasserstoff, der in die fotografische Schicht eindringt und seinerseits mit den Bromsilberteilchen zu dunklem Silbersulfid reagiert. Dadurch ist es möglich die Verteilung der Sulfide im Stahl zu erkennen (Bild 130).

Mikroätzmittel für unlegierte und niedriglegierte Stähle und Gußeisen.

Alkoholische Salpetersäure
98 ml Spiritus
2 ml konz. Salpetersäure

Wie beim Ansetzen aller Ätzmittel, die Salpetersäure enthalten, auch hier darauf achten, daß keine rauchende Salpetersäure (Dichte über 1,4) benutzt wird.

Alle Bilder von unlegierten und niedriglegierten Stählen, Roheisen, Gußeisen und Temperguß in diesem Heft stammen von Proben, die nach diesem Verfahren geätzt worden sind.

Mikroätzmittel für hochlegierte Chrom-Nickel-Stähle.

V2A-Beize nach Goerens
100 ml dest. Wasser
100 ml konz. Salzsäure
10 ml konz. Salpetersäure
0,3 ml Sparbeize

Ätztemperatur 50 bis 60 °C. Bei zu starker Ätzgrubenbildung bei Raumtemperatur länger ätzen (Beispiel Bild 79).

Mikroätzmittel für Kupfer und Kupferlegierungen.

120 ml destilliertes Wasser
10 g Ammoniumchlorocuprat(II)

Dieser Lösung wird vor dem Ätzen allmählich Ammoniak zugesetzt. Hierbei bildet sich zunächst ein Niederschlag. Solange weiter tropfenweise Ammoniak zusetzen, bis sich dieser Niederschlag löst und die Lösung eine klare dunkelblaue Farbe hat (Beispiel Bild 33).

Mikroätzmittel für Aluminium und Aluminiumlegierungen.

Flußsäure		Natronlauge
99,5 ml dest. Wasser	oder	90 ml dest. Wasser
0,5 ml Flußsäure		10 g Natriumhydroxid

Es handelt sich hier um zwei allgemeine Ätzmittel, die sich nicht für Nachweisätzungen auf bestimmte Gefügebestandteile eignen (Beispiel Bild 131).

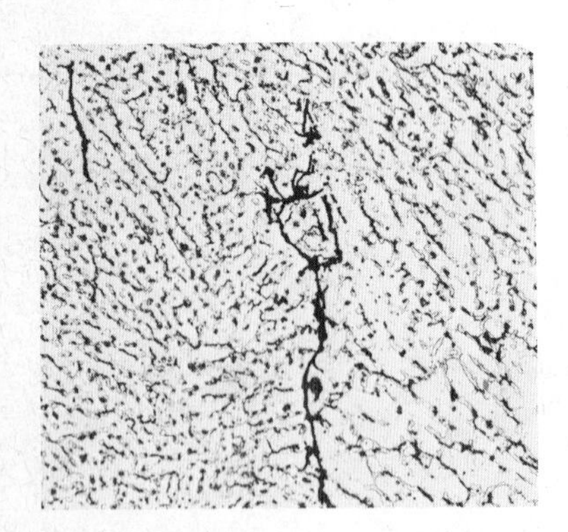

100:1
Bild 131. Oxidhäutchen in einer Aluminium-Schweißnaht (Ätzmittel 0,5%ige wäßrige Flußsäure).

3.4 Elektrolytisches Polieren und Ätzen

Theoretische Grundlagen. Nach P. A. Jacquet reagiert eine Metallprobe, die in einer elektrolytischen Zelle als Anode geschaltet wird, mit dem Elektrolyten. Dabei entsteht eine Lösung von Komplexsalzen, die sich als Film auf die zu polierende Fläche legt. Die Fläche, die der Polierfilm gegen den Elektrolyten bildet, ist nahezu eben und gibt nicht die Unebenheiten der Probenoberfläche wieder. Der elektrische Widerstand dieses Filmes ist dort geringer, wo Unebenheiten der Probenoberfläche hervorstehen und den Film schwächen. Diese Stellen werden daher schneller abgetragen, als die tiefer liegenden, wodurch allmählich die ganze Oberfläche eingeebnet wird.

Die Stromdichte-Spannungs-Kurve. Die Probe wird in den Elektrolyten gebracht und die Spannung von Null an langsam gesteigert, wobei man bei jeder Stufe die für Spannung und Strom abgelesenen Werte notiert. Trägt man Stromdichte und zugehörige Spannung in ein Koordinatensystem ein, so erhält man Kurven, die bei vielen Elektrolyten die in Bild 132 gezeigte Form haben.

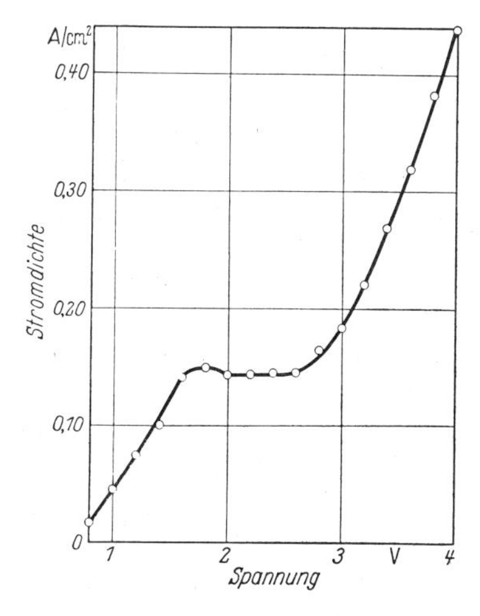

Bild 132. Ermittlung der günstigsten elektrolytischen Polierbedingungen für eine Kupferprobe durch Aufnahme der Stromdichte-Spannungs-Kurve. Elektrolyt: Orthophosphorsäure (1,35).

100:1

Bild 133. Nach der Kurve in Bild 132 polierte Kupferprobe. Poliert wurde im waagerechten Teil der Kurve, geätzt im ersten ansteigenden Teil.

Die Kurve steigt erst gleichmäßig an, Stromdichte und Spannung nahmen proportional zu. Die Probe wird in diesem Bereich angeätzt, wobei etwas Metall in Lösung geht. Bei 1,8 V erreicht die Kurve einen Höhepunkt. Hier beginnt sich der viskose Polierfilm zu bilden. Durch den dadurch größer werdenden Widerstand nimmt die Stromdichte etwas ab. Der Film wird beständig. Während die Spannung weiter steigt, bleibt die Stromdichte jetzt eine Zeitlang gleich. In diesem Bereich wird die Probe poliert. Bei etwa 2,6 V beginnt die Kurve wieder zu steigen. Hier setzt Blasenbildung ein, wodurch der Polierfilm unterbrochen und die Oberfläche zerstört wird.

Perchlorsäure-Elektrolyten ergeben meist einen einfacheren Kurvenzug und zwar eine mit einer leichten Krümmung beginnende, stetig ansteigende gerade Linie (Bild 134).

Bei niedrigen Spannungen fließt praktisch kein Strom und der Polierfilm bildet sich. In diesem Teil wird die Probe angeätzt. Bei höheren Spannungen beginnt Strom zu fließen und die Probe wird poliert.

Diese Möglichkeit, über einen großen Bereich einwandfrei zu polieren, ist ein Grund dafür, daß Perchlorsäure-Elektrolyten sehr häufig angewendet werden, obgleich sie bei unsachgemäßer Behandlung gefährlich sind.

Als Perchlorsäure-Elektrolyt für Stahl und Gußeisen kann eine Lösung aus 2 Teilen

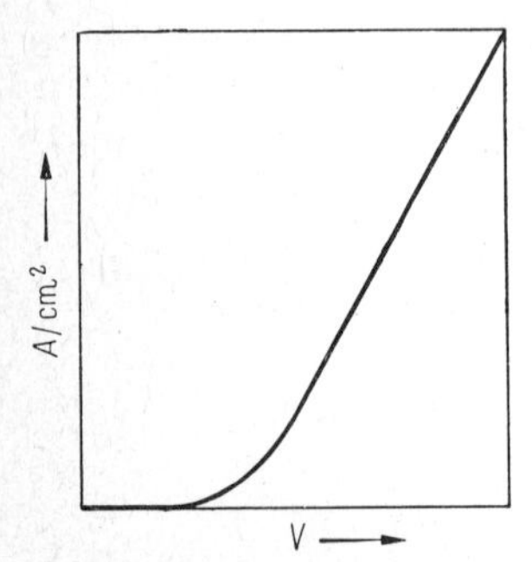

Bild 134. Stromdichte-Spannungskurve eines Elektrolyten mit großem Polierbereich (nach J. L. Waismann).

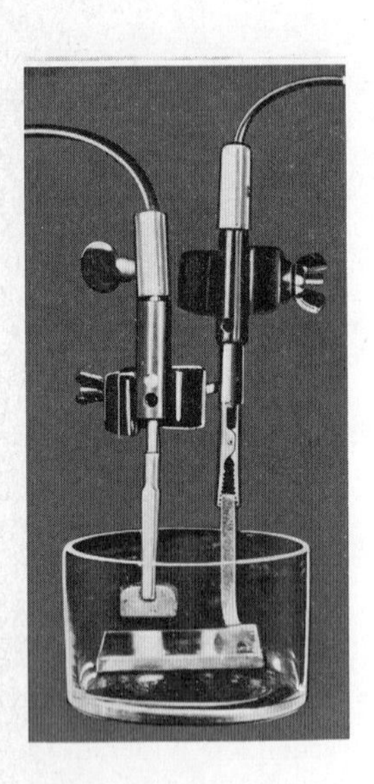

Bild 135. Einfache Zellenanordnung zum elektrolytischen Polieren.

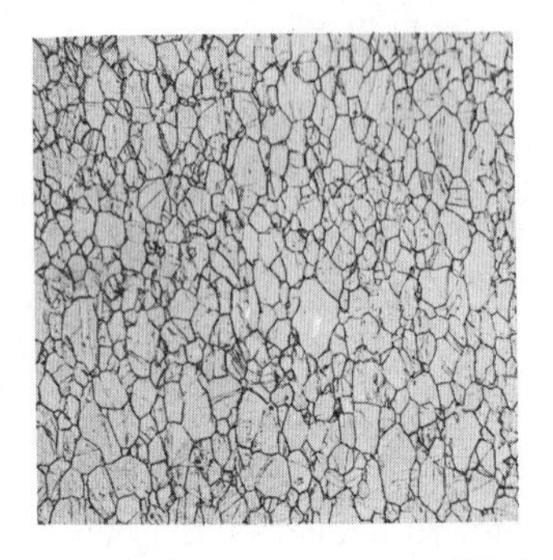

100:1

Bild 136. Neusilberblech, unmittelbar aus dem Anlieferungszustand in einfacher Zellenanordnung elektrolytisch poliert und geätzt.

Perchlorsäure (1,2), 7 Teilen Äthylalkohol (96%ig) und 1 Teil 2-Butooxyäthanol benutzt werden.

Vorrichtungen und praktische Durchführung. Viele Proben lassen sich schon in einer einfachen elektrolytischen Zelle, wie der in Bild 135 gezeigten, polieren. Auf dem Boden des Gefäßes, das den Elektrolyten enthält, wird die Kathode gelegt, die mindestens die zehnfache Größe der zu polierenden Fläche haben soll, darüber wird die Probe als Anode mit der vorgeschliffenen Seite nach unten in den Elektrolyten getaucht.

In einer einfachen elektrolytischen Zelle wurde das im Bild 136 gezeigte Neusilberblech (Cu-Ni-Zn-Legierung) ohne weitere Vorbehandlung unmittelbar aus dem Anlieferungszustand poliert und geätzt. Als Kathode wurde ein größeres Stück desselben Bleches benutzt. Poliert wurde mit einem Elektrolyten aus 2 Teilen Methylalkohol, 1 Teil Salpetersäure (35—40 V; 5—10 s). Mit diesem Elektrolyten konnte nicht geätzt werden. Für die Ätzung wurde deshalb ein anderer Elektrolyt in derselben Zellenanordnung benutzt und zwar: 10 Teile konz. Salpetersäure, 5 Teile Eisessig, 85 Teile dest. Wasser (1,5 V; 20—60 s).

Je unterschiedlicher die anfallenden Proben sind, desto vielseitiger muß die Anlage sein. Dies wird erreicht durch Benutzung eines Rührwerkes, Ablesemöglichkeiten für Spannung und Stromstärke sowie einer Kühlvorrichtung für Elektrolyten, die die sich bei der Benutzung stärker erwärmen. Es muß nicht nur gekühlt werden um die Temperatur brennbarer Elektrolyten unter dem Flammpunkt zu halten. Temperaturerhöhungen können auch die Poliereigenschaften der Elektrolyten verändern.

Vorsicht! Elektrolyten auf Perchlor-Basis sind explosiv. Wer keine Erfahrung im Umgang mit Perchlorsäure besitzt, sollte das Ansetzen solcher Elektrolyten einem Chemiker überlassen oder handelsübliche Elektrolyten kaufen. Besonders sorgfältig müssen Lösungen gemischt werden, die Überchlorsäure und Essigsäureanhydrid enthalten. Das Anhydrid darf der Perchlorsäure nicht schneller als 1 Tropfen in 10 s zugefügt werden. Das Bad muß hierbei gekühlt werden, damit die Temperatur auf keinen Fall 24 °C erreicht. Die Explosionsgefahr steigt mit der Menge Perchlorsäure, die in einem Elektrolyten enthalten ist. Auf keinen Fall darf ein Elektrolyt mehr als 40% Perchlorsäure der Dichte 1,62 enthalten. Die im Handel erhältlichen Perchlorsäure-Elektrolyten haben eine so geringe Konzentration, daß sie bei vernünftiger Handhabung ungefährlich sind.

Sachverzeichnis